Die Lust am Duft

Springer Nature More Media App

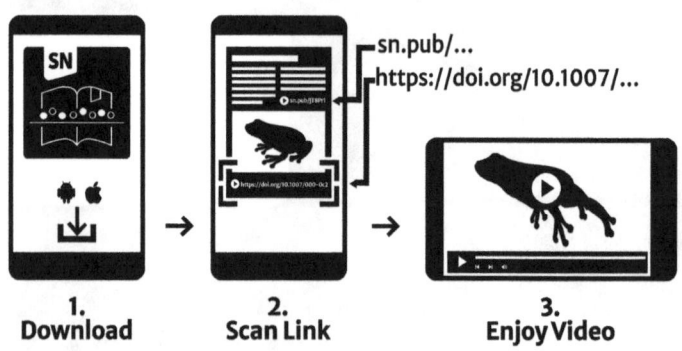

1. Download **2. Scan Link** **3. Enjoy Video**

Support: customerservice@springernature.com

Hanns Hatt • Regine Dee

Die Lust am Duft

Wie Gerüche uns verführen und heilen

2. Auflage

Hanns Hatt
Ruhr-Universität Bochum
Bochum, Deutschland

Regine Dee
Hamburg, Deutschland

Durch die BotTalk UG, Hamburg mittels künstlicher Intelligenz erzeugte Audiodateien sind online verfügbar und über die DOIs der Kapiteleingangsabbildungen mithilfe der MoreMedia-App von Springer Nature abrufbar.

ISBN 978-3-662-71359-4   ISBN 978-3-662-71360-0 (eBook)
https://doi.org/10.1007/978-3-662-71360-0

Die Deutsche Nationalbibliothek verzeichnet diese Publikation in der Deutschen Nationalbibliografie; detaillierte bibliografische Daten sind im Internet über https://portal.dnb.de abrufbar.

© Der/die Herausgeber bzw. der/die Autor(en), exklusiv lizenziert an Springer-Verlag GmbH, DE, ein Teil von Springer Nature 2023, 2025

Das Werk einschließlich aller seiner Teile ist urheberrechtlich geschützt. Jede Verwertung, die nicht ausdrücklich vom Urheberrechtsgesetz zugelassen ist, bedarf der vorherigen Zustimmung des Verlags. Das gilt insbesondere für Vervielfältigungen, Bearbeitungen, Übersetzungen, Mikroverfilmungen und die Einspeicherung und Verarbeitung in elektronischen Systemen.

Die Wiedergabe von allgemein beschreibenden Bezeichnungen, Marken, Unternehmensnamen etc. in diesem Werk bedeutet nicht, dass diese frei durch jede Person benutzt werden dürfen. Die Berechtigung zur Benutzung unterliegt, auch ohne gesonderten Hinweis hierzu, den Regeln des Markenrechts. Die Rechte des/der jeweiligen Zeicheninhaber*in sind zu beachten.

Der Verlag, die Autor*innen und die Herausgeber*innen gehen davon aus, dass die Angaben und Informationen in diesem Werk zum Zeitpunkt der Veröffentlichung vollständig und korrekt sind. Weder der Verlag noch die Autor*innen oder die Herausgeber*innen übernehmen, ausdrücklich oder implizit, Gewähr für den Inhalt des Werkes, etwaige Fehler oder Äußerungen. Der Verlag bleibt im Hinblick auf geografische Zuordnungen und Gebietsbezeichnungen in veröffentlichten Karten und Institutionsadressen neutral.

Einbandabbildung: © Smetek / Science Photo Library

Planung/Lektorat: Sarah Koch
Springer ist ein Imprint der eingetragenen Gesellschaft Springer-Verlag GmbH, DE und ist ein Teil von Springer Nature.
Die Anschrift der Gesellschaft ist: Heidelberger Platz 3, 14197 Berlin, Germany

Wenn Sie dieses Produkt entsorgen, geben Sie das Papier bitte zum Recycling.

Die Macht der Düfte

Um auf die Audio-Version dieses Kapitels zuzugreifen, klicken sie auf die Kurz-URL oder scannen Sie sie mit der Springer Nature More Media App:

sn.pub/9yk9xx

Nichts geht ohne die Nase. Wir brauchen sie für jeden Atemzug. Täglich erwärmt sie 10.000 Liter Atemluft auf körpergerechte 34 Grad, feuchtet sie mit dem Nasenschleim an, filtert gleichzeitig den Dreck heraus und transportiert ihn mit ihren Flimmerhärchen ab. Sie ermöglicht uns das Riechen und Schmecken, und sie warnt uns bei Feuer, giftigen Substanzen und anderen Gefahren. Sie entscheidet, welche Menschen wir verführerisch oder eklig finden. Wir rümpfen die Nase, wenn uns der Duft eines anderen nicht gefällt und entscheiden „den kann ich nicht riechen". Oft wissen wir gar nicht warum, denn die Nase entscheidet ohne unseren Verstand. Das widerspricht unserem Selbstverständnis: Haben wir etwa keine Kontrolle über unser Leben?

Tatsächlich können Duftstoffe mehr bewirken als wir lange ahnten. Wissenschaftler haben gezeigt, dass viele Organe, allen voran die Haut und die Lunge, Duftstoffe aufnehmen und darauf reagieren. Und die neuesten Ergebnisse der Forschung sind noch aufregender: Wie wir nachweisen konnten, reagieren auch Tumorzellen, wenn bestimmte Duftstoffe auf sie einwirken. Sie stellen das Wachstum ein, manche verschwinden sogar. Eine Hoffnung für viele Kranke, denn womöglich ergeben sich ganz neue Wege zur Krebstherapie. Umgekehrt wissen wir inzwischen auch, dass Tumorzellen selbst Gerüche abgeben. Trainierte Hunde können schon heute erkennen, ob ein Mensch z. B. an einem Blasen- oder Lungentumor leidet. Vielleicht gibt es bald Biosensoren, die wie Hundenasen funktionieren und aufwendige Tests überflüssig machen.

Lange wurde die Nase vernachlässigt, belächelt oder gar verachtet. Hochnäsig blickte der Mensch auf die am Boden schnüffelnden Tiere herab. Hatte die Nase nicht auch etwas Animalisches? Triebhafte Geruchsbotschaften von Schweiß und anderen Körpersäften beflügelten die Fantasie. Die Kirche sah den religiösen Eifer durch verführerische Düfte gefährdet und fürchtete sexuelle Ausschweifungen. Philosophen verachteten das Riechen als niederen, sogar unseren unnötigsten Sinn, als Sinn des Genusses, nicht des Denkens.

Auch in der Physiologie zählt das Riechen zu den niederen Sinnen zusammen mit dem Schmecken und Tasten. Richtig ist aber: Die Nase ist unser empfindlichstes Sinnesorgan und greift tief in unser Leben ein.

Sie erinnert uns an ferne Tage der Kindheit, als das Glück begann, wenn die Großmutter einen Kuchen backte. Für immer wird der Geruch eines frisch gebackenen Apfelkuchens mit einem Gefühl von Zufriedenheit und Freude verbunden sein. Aus heiterem Himmel fühlen wir uns dann glücklich, ohne zu wissen warum. Das Riechen, dieser uralte Sinn fürs Überleben und Genießen, hat uns in die Vergangenheit geführt. Denn die Nase leitet alle Duftsignale schnurstracks ins Erinnerungs- und Emotionszentrum des Gehirns weiter, das uns dann urplötzlich in ferne Kindheitstage versetzt, ohne dass wir groß darüber nachdenken oder uns wehren könnten.

Dabei lieben wir besonders die Düfte, die wir kennen. Der vertraute Familiengeruch und auch der Heimatgeruch sind etwas ganz Besonderes, sie bleiben uns ein Leben lang erhalten und rufen immer dieselben Gefühle wach wie beim ersten Kennenlernen. Wer auf einem Bauernhof aufgewachsen ist, spaziert gern dort, wo es nach Kuhfladen riecht. Wer als Kind in den Ferien ans Meer fuhr, liebt den salzigen Duft der Wellen.

Düfte und Duftvorlieben sind sehr individuell. Jeder riecht anders. Jeder sendet auch ganz eigene Duftbotschaften aus, die wir nicht einmal selbst kennen. Wir bemerken vielleicht unseren Schweißgeruch und waschen uns. Doch damit verschwinden nicht alle Duftbotschaften. Ein beunruhigendes Gefühl. Triebhafte Nachrichten akzeptieren wir sonst nur bei unserem Hund! Schon beim Spaziergang mit dem geliebten Haustier ahnen wir, dass es da noch eine ganz andere Geruchswelt gibt. Eine unsichtbare Welt, die dem Menschen vollkommen verschlossen ist: die Duftsprache der Tiere. Wenn der Hund an jeden Baum pinkelt, hinterlässt er allen nachfolgenden Artgenossen wichtige Informationen: „Ich war vor 10 Minuten hier, bin ein junger, starker Dackel und nehme es locker mit dir auf!" Jede Tierart hat dabei ihre eigene chemische Sprache, ihre individuellen Pheromone. Damit werden andere vor Gefahren gewarnt und über wichtige Alltagsdinge wie Alter, Stärke, Paarungsbereitschaft und Futterquellen informiert. Und – ganz besonders wichtig – die chemische Sprache sorgt für den richtigen Sexpartner!

In umfangreichen Experimenten suchten Forscher – vorzugsweise in den Achselhöhlen von Männern – nach Antworten auf die spannende Frage: Kann es sein, dass auch Menschen über diese unsichtbaren Verführungskräfte verfügen? Senden auch Menschen Pheromon-Botschaften aus? Tatsächlich fanden die Forscher: Wenn Frauen Männerschweiß riechen, werden Hirnareale aktiviert, die mit Sexualität und Partnerwahl in Verbindung gebracht werden. Offenbar reagieren sie auf den männlichen Individualgeruch, um den besten Vater für ihre Kinder zu finden. Und dabei entscheiden sie nicht nach Schönheit oder Intelligenz, sondern ausschließlich nach seinem Genpool. Männern ist die Genausstattung der Frau übrigens ziemlich egal. Bei ihnen wirken andere Verführungstechniken.

Seit alters her bekannt und nie aus der Mode gekommen sind die Verlockungen von Parfums. Vor tausenden Jahren sollten die Wohlgerüche von Weihrauch und Zedern die Götter gnädig stimmen. Die Ägypter balsamierten ihre Toten mit duftenden Essenzen ein und Kleopatra verführte den römischen Feldherrn Marc Antonius erfolgreich mit Rosenblättern und Jasmin. Mit der Destillierkunst der Araber entstand ein florierender Handel, der schnell Italien und Frankreich erreichte. Zentrum des Seehandels war damals die Republik Venedig. Katharina von Medici exportierte mit ihrer Heirat die Parfumkunst nach Frankreich, wo sie sehr willkommen war. Gerade war das Wasser als Ursache für Krankheiten aller Art entlarvt worden. Da kam das Parfum gerade recht, um die schlimmsten Geruchskatastrophen zu mildern. Das Eau de Toilette war erfunden. Legendär ist der Parfumverbrauch der königlichen Mätresse Madame de Pompadour. Wohl nur übertroffen von Napoleon, der laut Überlieferung täglich einen Liter des beliebten Kölnisch Wasser 4711 über sich ergoss. Zu den Blumen, Kräutern und Harzen gesellten sich später auch synthetische Düfte. Für das berühmte Parfum No.5 von Coco Chanel aus dem Jahr 1921 wurden zum ersten Mal synthetische Düfte verwendet.

Viele Düfte und Öle eignen sich als Heilmittel. Auch hier gibt es eine lange Tradition von Hildegard von Bingen bis hin zur modernen Aromatherapie. Eingeatmet oder eingerieben können Öle und Essenzen erstaunliche Wirkungen entfalten. Heute wissen wir auch warum. Wie unsere Forschungen an der Ruhr-Universität Bochum bewiesen haben, existieren Riechrezeptoren nicht nur in der Nase, sondern auch in vielen Organen. Damit ergibt sich eine Vielzahl von Anwendungsmöglichkeiten in der Therapie. Dass auch Tumorzellen auf bestimmte Düfte reagieren, ist natürlich besonders aufregend. Jetzt müssen diese Erkenntnisse vertieft und für die Praxis tauglich gemacht werden. Die Welt der Düfte bleibt spannend und wird uns auch in Zukunft noch viele Überraschungen bereiten.

Inhaltsverzeichnis

1	Wie das Riechen funktioniert	1
2	Die Nase schläft nie	7
3	Drei Spezialisten für vollendeten Geschmack	13
4	Glücklichmacher fürs Gehirn	19
5	Der gute Riecher der Tiere	25
6	Geheime Botschaften der Pheromone	31
7	Der Duft der fliegenden Sexmaschinen	37
8	Täuschen und Tricksen mit unwiderstehlichen Düften	41
9	Niemand riecht so gut wie du	47
10	Angstschweiß und Babyduft	53
11	Diagnostik mit der Nase	57
12	Riechen mit Haut und Haaren	63

13	Düfte als Therapiehelfer	69
14	Duftstoffe gegen Tumorzellen	75
15	Wenn Düfte uns zu Kopfe steigen	79
16	Wenn die Nase blind wird	83
17	Von Stinkfrüchten und Schimmelkäse	89
18	Schneller schlank mit Bitterstoffen	95
19	Der Duft von Weihnachten	99
20	Die raffinierten Gaumenspiele des Weines	105
21	Ob Drogen oder Trüffel: Hunde sind perfekte Schnüffler	111
22	Spürhunde im medizinischen Einsatz	117
23	Tierische Topnasen helfen dem Menschen	121
24	Göttliche Wohlgerüche und weltliche Duftwasser	125
25	Im Rausch der Düfte	131
26	Marketing mit Wohlgefühl	137
27	Vom Riechtraining zum Gehirnjogging	145
28	Die Zukunft: ENoses in der Medizin	151
29	Trüffel, Tee und Wanzen: Artensuche mit der eNose	157
30	Nanoprothesen und natürliche Ersatznasen	163

1

Wie das Riechen funktioniert

> Das Riechen ist ein kompliziertes Zusammenspiel von Duftmolekülen, Riechsinneszellen und unserem Gehirn. Schon vor der Geburt beginnen wir mit dem Riechtraining, schließlich soll die Nase uns vor Gefahren schützen und sicher durch das Leben leiten. Dass sie dabei auch Liebe, Lust und Wohlbefinden weckt, ist eine wunderbare Einrichtung der Natur.

> Um auf die Audio-Version dieses Kapitels zuzugreifen, klicken sie auf die Kurz-URL oder scannen Sie sie mit der Springer Nature More Media App:
>
> sn.pub/ty7xqp

Die Nase ist unser empfindlichstes Sinnesorgan und greift tief in unser Leben ein – wenn auch meist unbewusst. Nur wenige Moleküle genügen und wir schwelgen in den Düften des Frühlings, eines Parfums oder eines plötzlich sehr interessanten erscheinenden Menschen. Die Nase erkundet für uns alle Aromen dieser Welt, vom edelsten Rotwein bis zum erlesensten Trüffel, gleichzeitig weckt sie Erinnerungen an die längst vergangene Kinderzeit oder schöne Urlaubstage. Mamas Erdbeermarmelade – himmlisch! Der Kräuterduft einer Almwiese – wie die sorglosen Sommerferien der Schulzeit!

20 Mio. Riechzellen, pro Nasenseite 10 Mio. auf der Fläche einer Euromünze, sind aber nicht nur auf Vergnügen aus, sondern nehmen auch feinste Spuren auf, wenn Gefahr droht. Der Wald brennt? Die Nase warnt uns frühzeitig. Der Fisch riecht verdorben? Hier lauert Vergiftung. Jemand verbreitet üble Gerüche? Achtung Krankheit! Während Augen und Ohren in die Weite gerichtet sind, stellen Nase und Mund die letzte Instanz dar, um den Menschen zu schützen. Ausspucken, Kontakt meiden, Luft anhalten und dann nichts wie weg, lautet der dringende Rat. Duftinformationen sind im Gegensatz zu Lichtreizen und Tönen langlebig und breiten sich über große Entfernungen aus. In solchen Situationen kann die Nase uns helfen zu überleben – oder morgens im Aufzug zu riechen, wer schon im Büro ist.

Wie kommt nun der Rasierwasserduft des Kollegen in unsere Nase und die Information darüber in unser Riechhirn? Die Nase besteht aus drei Etagen. In der obersten befinden sich 20 Mio. Riechsinneszellen. Sie bestehen aus einem ovalen Zellkörper, der an einem Ende eine kleine Verdickung besitzt. Daraus ragen etwa 20 bis 30 fingerförmige Fortsätze (Zilien) in den Nasenschleim hinein. In Richtung Gehirn wächst aus dem Riechzellkörper eine zentimeterlange dünne Nervenfaser (Axon) hervor. Sie leitet Informationen von der Nase zum Riechhirn weiter. Das klappt aber nur, weil der Schädelknochen hier Löcher hat wie ein Sieb, weshalb dieser Teil folgerichtig Siebbein heißt.

Blitzschnelle Reaktion bei Gefahr

Beim Menschen konnten 400 verschiedenen Typen von Riechzellen, ausgestattet mit Duftsensoren, so genannten Duftrezeptoren, identifiziert werden. Jede Zelle ist spezialisiert auf eine Gruppe von Duftmolekülen, wie z. B. Vanillin, Moschus oder Buttersäure, denn sie stellt nur einen der 400 Typen von Rezeptoren her. Damit decken wir unsere gesamte Geruchswelt ab. Ist in der Atemluft ein Vanillinmolekül unterwegs, so kann es seinen entsprechenden Rezeptor anschalten wie ein Schlüssel, der ins richtige Schloss gesteckt wird. Die Riechzelle verstärkt das chemische Signal und wandelt es in einen elektrischen Stromimpuls um, der über einen dünnen Nervenfaden in den Riechkolben im Gehirn gelangt.

Faszinierend dabei ist, dass alle Riechsinneszellen eines bestimmten Typs (ca. 50.000) mit ihren Nervenfortsätzen im Riechhirn auf ein- und derselben Gehirnzelle enden. Im menschlichen Riechhirn finden sich also 400 kleine Zellhaufen (Glomeruli), die den 400 Riechzelltypen entsprechen. Alle Glomeruli zusammen bilden den Riechkolben. Ein großartiges System, das blitzschnell funktioniert. Und bei Gefahr sogar noch schneller! Das haben Forscher des schwedischen Karolinska-Instituts jetzt herausgefunden. In ihrer Studie konnten sie nachweisen, dass die Zellen des Riechkolbens innerhalb von 50 bis wenigen hundert Millisekunden auf Gerüche reagieren. Bei Gerüchen, die vom Gehirn als unangenehm oder womöglich gefährlich eingestuft werden, tritt die Reaktion bis zu 15mal schneller ein als bei positiv bewerteten Gerüchen. Besonders interessant ist, dass auch das motorische System der Testpersonen von den unangenehmen Gerüchen sofort aktiviert wurde: Sie lehnten sich unwillkürlich leicht zurück. Die Forscher schlossen aus den Ergebnissen, dass schon im Riechkolben eine Bewertung des Geruchs vorgenommen wird, bevor der Mensch diesen Geruch bewusst als angenehm oder unangenehm wahrnimmt. Sie nehmen an, dass frühere Geruchserfahrungen und biologische Prägungen dabei eine wesentliche Rolle spielen.

Riechen will gelernt sein

Auch der Schleim, der uns oft lästig erscheint und bei Schnupfen alle Riechsinneszellen lahmlegt, ist in Wahrheit ein verkanntes Genie. Jede Nasenhöhle ist – abgesehen vom Eingang – mit Schleimhaut ausgestattet. Die soll die Atemluft erwärmen und befeuchten und dient außerdem der Reinigung der Luft. Der Schleim selbst besteht aus einer speziellen Protein-Komposition. Sie schützt die Zellen nicht nur, sondern ist sogar aktiv am Transport der Duftstoffe zu den Sinneszellen beteiligt. Duftmoleküle sind nämlich meist schwer wasserlöslich, sollen aber trotzdem durch den wässrigen Schleim zu den Riechsinneszellen gelangen. Deshalb hat die Natur Bindeproteine entwickelt, die die Duftstoffe durch den Nasenschleim zur Riechzelle transportieren. Auch dabei war sie nicht sparsam: Über 100 verschiedene Proteine (das gilt für die Maus, der Mensch hat nur noch 10) binden die Duftstoffe, wobei jedes Protein auf den Transport einer bestimmten Gruppe von Duftstoffen zu den Riechsinneszellen spezialisiert ist.

Doch bevor alles reibungslos funktioniert, muss unser Riechsystem erst einmal lernen. Die Duftschule beginnt schon im Mutterleib. Das wussten die Forscher aus Experimenten mit Kaninchen. Sie gaben schwangeren Kaninchen Wacholder zu fressen, der eigentlich nicht zu deren Lieblingsgerichten gehört. Doch siehe da: Die Kaninchenbabys dieser Mütter knabberten später allesamt lieber Wacholderzweige statt der sonst so beliebten Kräuter und Löwenzahnblätter. Und was passiert mit Menschenembryos? Forscher baten zwei Gruppen werdender Mütter im letzten Drittel der Schwangerschaft und in der Stillzeit entweder nur Wasser zu trinken oder, in der zweiten Gruppe, auch Möhrensaft zu sich zu nehmen. Das Ergebnis war eindeutig: Die Babys, die den Möhrengeschmack schon kannten, verzogen weniger das Gesicht und aßen ihre Portion Möhrenbrei schneller auf. Denn auch Menschenbabys lernen über das Fruchtwasser frühzeitig, was ihre Mütter gern essen oder gar nicht mögen. So wundert es nicht, dass knoblauchliebende Mütter auch knoblauchliebende Kinder bekamen. Und, wie Wissenschaftler zeigen konnten, klappte das Gleiche mit Essiggurken und auch Schokolade: diese Vorlieben der Schwangeren übertrugen sich gleichfalls auf ihre Babys. Ab der 26. Schwangerschaftswoche sind die Riechzellen und ihre Verbindungen ins Gehirn bereits fertig angelegt. Somit können die Informationen aus der Nase im Riechkolben gesammelt und verarbeitet werden. Anschließend werden sie über zwei dicke Nervenstränge direkt ins Gedächtniszentrum (Hippocampus) und ins Emotionszentrum (Limbisches System) geleitet und miteinander verknüpft.

Auch andere Dufterlebnisse der Mutter, vor allem, wenn sie mit starken Emotionen verknüpft sind, werden gerochen und gelernt. So übernimmt der Embryo die positiven und negativen Emotionen der Mutter und speichert sie ab. Ein Baby kommt daher schon mit Duftvorlieben und -abneigungen auf die Welt und kann sich noch Jahre nach der Geburt an einen Duft erinnern, den es nur aus der Zeit im Mutterleib kennt. Das ist eine ganz besondere Leistung, weil der Embryo bereits komplexe Duftmuster abspeichern und lernen muss.

Das Duftalphabet hat 400 Buchstaben
Denn die meisten Gerüche bestehen nicht nur aus einer Sorte von Duftmolekülen, sondern einer ganzen Mischung. Kaffeeduft setzt sich zum Beispiel aus mehr als 200 unterschiedlichen Duftstoffen zusammen. Sie alle aktivieren „ihre" Rezeptortypen, so dass ein typisches Kaffee-Aktivierungsmuster entsteht. Das Duftalphabet hat 400 Buchstaben, die den 400 Typen von Riechrezeptoren entsprechen. „Duftwörter" können 100 und mehr Buchstaben lang sein. Kein Wunder, dass Düfte viel schwieriger zu lernen sind als Worte. Mit der Zeit, vor allem mit viel Übung, lernt die Nase viele solcher „Duftwörter" und erkennt die Gerüche wieder. Für manche Ge-

rüche hat der Mensch sogar eine feinere Nase als der Hund mit seiner legendären Supernase. So können wir sehr gut z. B. Bananen riechen, die für unsere Ernährung wichtig sind. Für den Hund haben Bananen dagegen keine Bedeutung, daher sind sie ihm ziemlich schnuppe. Überhaupt riechen Menschen viel besser als man lange Zeit glaubte. Mit Ratten oder Elefanten, die den besten Geruchsinn haben, können wir allerdings nicht mithalten, das haben Untersuchungen gezeigt. Diese Tiere haben ein Vielfaches an Rezeptoren und an Sinneszellen und erleben die ganze Welt durch die Nase.

Der heiße Draht, den Duftinformationen in die ältesten Areale des Gehirns nehmen, bewirkt, dass Gerüche unmittelbar Erinnerungen und Gefühle auslösen, ohne dass der Mensch so recht weiß, wie ihm geschieht oder gar zuvor eine rationale Entscheidung treffen könnte, denn durch das Tor zum Bewusstsein, den Thalamus, gehen nur wenige Duftinformationen. Unbewusst und unwillkürlich empfinden wir Ekel, Lust oder Wohlgefallen. Wie wir bestimmte Düfte bewerten, ist dabei nicht genetisch programmiert, sondern erlernt und hängt von unserer Erfahrung und Erziehung ab. Ein romantischer Urlaub in der Provence und wir schwärmen fortan für Lavendel. Die ungeliebte Tante aus der Kindheit, die mit Lavendel ihren Altersgeruch zu vertreiben suchte, lässt uns den Duft zeitlebens eher abstoßend empfinden.

Nebenbei kann der Mensch viel tun, um sein Riechvermögen zu trainieren. Je mehr er übt, Düfte zu lernen und wiederzuerkennen, je mehr Düfte und Aromen er der Nase anbietet, desto besser wird sie funktionieren. Am besten sind tägliche Riechübungen. Unabhängig vom Alter kann man damit jederzeit beginnen. Versuchen Sie es ruhig einmal: beim nächsten Essen im Restaurant die Gewürze und Kräuter zu bestimmen, beim nächsten Einkauf auf dem Wochenmarkt drei unbekannte Gerüche zu entdecken.

2

Die Nase schläft nie

> Das Riechen soll uns Tag und Nacht beschützen – eine Mammutaufgabe. Rund um die Uhr wird die Luft analysiert, 20 Mio. Riechzellen lauern beständig möglichen Gefahren auf. Nur manchmal darf sich eine Nasenseite etwas ausruhen. Welche? Das ist bei jedem anders, denn Menschen unterscheiden sich in Rechts- und Linksnasen.

> Um auf die Audio-Version dieses Kapitels zuzugreifen, klicken sie auf die Kurz-URL oder scannen Sie sie mit der Springer Nature More Media App:
>
> sn.pub/zyaa0h

Am Ende des Tages, wenn der Mensch müde in die Kissen sinkt, schließt er die Augen, verstöpselt die Ohren gegen Lärm und schläft. Nicht so die Nase. Sie arbeitet nonstop.

Tag und Nacht, 24 h, ein Leben lang. Während der Mensch sich seinen Träumen hingibt, wacht die Nase über ihn und schnuppert weiter. Solange wir atmen, riechen wir. Ganz automatisch. Wir können die Nase auch nicht abschalten, denn allzu lange kann man die Luft schließlich nicht anhalten. Manche Düfte gefallen der Nase besonders, zum Beispiel Orangen- oder Rosenduft. Dann träumt der Mensch etwas Schönes. Umgekehrt – das haben unsere Experimente in Schlaflabors gezeigt – kann Gestank das Gegenteil bewirken: Beim üblen Geruch von Fäkalien berichten die Menschen nach dem Aufwachen von unangenehmen Erlebnissen in ihren Träumen.

Der Duft des geliebten Partners hingegen wirkt bei Männern positiv auf die Trauminhalte. Das ist die gute Nachricht für Frauen. Die schlechte: Orangenduft erzeugt die gleichen Effekte. Wenn die Frau verreist, sollte sie also eine Orange aufs Kopfkissen legen, um dem Mann weiterhin zumindest angenehme Träume zu bescheren. Frauen benutzen oft ein getragenes T-Shirt des geliebten Mannes oder Kindes zum besseren Einschlafen und schöneren Träumen. Dem Rosenduft wird eine andere, sehr nützliche Eigenschaft zugeschrieben: Hirnforscher fanden heraus, dass dieser Duft im Schlaf Erinnerungen an Dinge wecken kann, die tagsüber bei Rosenduft gelernt wurden. Sie umwehten eine Gruppe von Probanden während der Tiefschlafphase mit Duft, die andere Gruppe schlief in einem geruchsfreien Raum. Am nächsten Morgen verglichen die Forscher dann die Ergebnisse und stellten fest: Die Erinnerung an das Gelernte war bei der Rosenduft-Gruppe hoch signifikant besser. Die unermüdliche Nase hatte also während des Schlafes weitergearbeitet und das Lernen unterstützt.

2 Die Nase schläft nie

Wenn die Nase abschaltet
Häufig passiert es, dass die Nase genug hat, sozusagen vollkommen die Nase voll von einem bestimmten Geruch. Das kann ein eleganter Kosmetikduft sein, der uns längere Zeit umweht, genauso wie ein unangenehmer Geruch nach Knoblauch oder Schweiß. Dann schaltet die Nase einfach ab und schützt unser Gehirn vor Überreizung. Wissenschaftler sprechen von Adaptation: Die Nase hat sich an einen Geruch gewöhnt, der Mensch nimmt ihn nicht mehr wahr. Unsere Riechzellen leiten keine Strompulse mehr ins Gehirn. Davon betroffen ist unser Körpergeruch genauso wie unser Lieblingsparfum am Morgen. Wenn wir deshalb zur Sicherheit mehrmals kräftig nachsprühen, ernten wir womöglich ein Naserümpfen, weil andere denken, wir hätten in der Parfumflasche gebadet.

Die Adaptation macht jedoch auch so manche olfaktorische Herausforderung des Alltags erträglich. Sie kommt uns in überfüllten S-Bahnen zur Feierabendzeit ebenso zu Gute wie im Fitness-Studio oder beim Gespräch mit dem Chef, der beim Griechen zu Mittag gegessen hat: Nach einiger Zeit ist der stinkende Spuk vorbei und lässt sich erst durch eine Brise frischer Luft wieder anschalten. Auch Kaffeearoma löscht unsere „Duftfestplatte" und macht die Nase wieder empfänglich für Neues. Das wissen manche Mitarbeiterinnen von Parfumerien und stellen kleine Teller mit Kaffeebohnen zwischen die Parfum-Probefläschen. Ein paar Mal daran geschnuppert, schon kann es weitergehen mit dem Parfumkauf. Bis heute gibt es keine wissenschaftliche Erklärung dafür, warum der Kaffeeduft eine solche Wirkung hat.

Auch Hundenasen kennen die Adaptation. Wenn sie eine Spur verfolgen, wenden sie deshalb einen Trick an: Sie bleiben nie zu lange in der Duftwolke der Beute, sondern schlagen einen Zickzackkurs ein, um links und rechts der Duftspur immer mal ein paar Atemzüge Frischluft zu schnappen. So befreien sie ihre Nase permanent von zu vielen Duftmolekülen und beugen der Adaptation vor. Dieselbe Strategie verfolgen übrigens auch Männchen der Nachtfalter: Sie fliegen im Zickzackkurs der Duftspur eines Sexualpheromons hinterher, um zwischen Bäumen und Sträuchern die Nachtfalterdame ihrer Träume aufzuspüren.

Rechts- und Linksnasen
Beim Menschen sind nicht permanent alle 20 Mio. Riechzellen für die Analyse von Gerüchen notwendig. Daher darf sich eine Nasenseite immer etwas ausruhen. Die Menschen unterscheiden sich dabei in Rechts- und Linksnasen. Die einen riechen zu 80 % des Tages durch die das rechte Nasenloch, zu 20 % durch das linke, bei den anderen ist es umgekehrt. Nur beim intensiven Schnüffeln, wenn uns ein Duft besonders interessiert, sind beide aktiv. Für das Wiedererkennen von Gerüchen spielt das keine Rolle: Was man links lernt, erkennt man auch rechts wieder. Trainierte Nasen können auf diese Weise theoretisch über eine Milliarde Düfte unterscheiden. Da genügt schon ein 10 Billionstel Gramm Mercaptan – ein Monoterpen aus der Grapefruit. Ein Tropfen davon im Kölner Dom verteilt, wäre bereits riechbar.

Während der Mensch lange Zeit glaubte, Augen und Ohren seien für die Menschheit viel wichtiger als die Nase, belehrt uns unser Körper eines Besseren. Er nimmt die Nase äußerst ernst und investiert sehr sorgfältig in sein chemisches Frühwarnsystem. So reserviert er drei Prozent seiner Gene nur für die Herstellung der Riechrezeptoren. Jeden Monat organisiert er eine Frischzellenkur für sämtliche seiner Riechzellen, um sie fit und funktionstüchtig zu halten. Stammzellen ersetzen dabei die alten Riechzellen, die womöglich durch Erkältungsviren oder Umweltgifte geschädigt sind, und versorgen uns alle vier Wochen mit einer komplett neuen Riechausstattung. Eine unglaubliche Leistung des Nervengewebes: In jeder Minute unseres Lebens entstehen 1000 neue Riechsinneszellen und ihre Nervenfortsätze wachsen zur selben Gehirnsinneszelle wie die ihrer Vorgänger. Und das alles, ohne dass wir auch nur das Geringste spüren. Wir brauchen uns daher keine Sorgen zu machen, wenn wir während eines grippalen Infekts plötzlich gar nichts mehr riechen und schmecken können. Das ist normal und in den meisten Fällen ein vorübergehender Zustand. Denn solange eine Krankheit die Stammzellen nicht angreift, läuft der Prozess reibungslos. Nur im Alter lässt die Fähigkeit der Regeneration allmählich nach.

3

Drei Spezialisten für vollendeten Geschmack

Von feinen Zungen und Gaumenfreuden spricht der Volksmund und vergisst den wichtigsten Gourmet: die Nase. Nur sie nimmt sämtliche Aromen unserer Speisen auf und leitet sie ins Gehirn weiter. Zusammen mit den Geschmacksnerven der Zunge und dem Gesichtsnerven Trigeminus sorgt sie für vollendeten Genuss.

Um auf die Audio-Version dieses Kapitels zuzugreifen, klicken sie auf die Kurz-URL oder scannen Sie sie mit der Springer Nature More Media App:

sn.pub/3ecnpt

Wer schon einmal so richtig erkältet war, kennt das Phänomen der verstopften Nase: Nichts „schmeckt" mehr. Die Schleimhäute sind geschwollen, kein Duftstoff erreicht die

Rezeptoren, man kann einen Apfel nicht von einem Stück Kohlrabi unterscheiden. Das kann Vorteile haben, wenn es um übelriechende Medizin geht – man braucht sich nicht mehr die Nase zuzuhalten. Aber bei einem köstlichen Essen ist das richtig schade, denn dabei spielt die Nase eine Hauptrolle. Und wenn wir sagen: „Das hat mir super geschmeckt", meinen wir eigentlich nicht das Schmecken, sondern ein Zusammenspiel von Geruchs-, Geschmacks- und dem Empfindungssinn des Trigeminus-Nerven.

Für das eigentliche Schmecken ist die Zunge zuständig. Im Gegensatz zur sensiblen Nase, die tausendfach zarte Blüten- und Gewürzaromen wahrnimmt, ist die Zunge allerdings eher simpel gestrickt. Sie besitzt Geschmacksknospen, die aussehen wie eine geschälte Navel-Orange, aber ihre vier Rezeptortypen in den Sinneszellen (Orangenschnitze) nehmen nur die Basics auf: Zucker, Salz, Säure und Bitterstoffe. Die Geschmacksstoffe lösen in den Geschmacksknospen eine Erregung aus, die vom Geschmacksnerv empfangen und als elektrische Impulse an das Gehirn weitergeleitet werden. Dort landen sie in den Abschnitten für Emotionen, aber auch in den sensomotorischen Feldern für Temperatur, Schmerz und Mimik – weshalb man beim Lutschen von Zitronen unweigerlich das Gesicht verzieht. Außerdem wandern sie in höhere Gehirnstrukturen, wo auch die Duftreize aus der Nase ankommen.

Spinat? Zum Ausspucken!

Vor allzu viel Säure bewahrt uns der Sauergeschmack, denn eigentlich ist dieser Geschmack ein Warnsignal vor einem niedrigen pH-Wert, der unter anderem bei unreifen Früchten und verdorbenen Lebensmitteln vorkommt. Für das Schmecken von Bitterstoffen sind wir am besten gerüstet. Allein 25 verschiedene Rezeptortypen sind dafür zuständig, nur drei für süß und jeweils einer für salzig und sauer. Der Anteil der verschiedenen Typen ändert sich im Laufe des Lebens. Kinder (bis 7 Jahre) haben wenig Süßrezeptoren, es kann ihnen des-

3 Drei Spezialisten für vollendeten Geschmack

halb nicht süß genug sein, dafür aber mehr Rezeptoren für Bitterstoffe als Erwachsene. Deshalb mögen sie keine bitteren Gemüse und verweigern Rosenkohl und Spinat. Nicht um ihre Mütter zu ärgern, sondern um sich vor bitteren Dingen zu schützen wie zum Beispiel Nikotin, Kaffee oder Bier, die für sie schädlich sind. Auch pflanzliche Giftstoffe sind häufig bitter. Und während Süßes, Salziges und Saures überall auf der Zunge wahrgenommen werden, liegen die Bitterrezeptoren bevorzugt ganz hinten am Zungengrund, nahe dem Brechzentrum. Sie sind die letzte Analysestation des Körpers vor dem Schlucken. Oder dem Ausspucken. Pech für Mama!

Mit dem Kauen kommt die Nase ins Spiel. Sie ist nämlich untrennbar mit dem Mund verbunden. Durch eine spezielle Röhre wandern die freigesetzten Aromen sozusagen hintenherum in die obere Etage, wo die Riechzellen sitzen. Der Vorgang wird als „retronasales Riechen" bezeichnet. 400 verschiedene Duftrezeptoren beginnen, die ankommende Duftmischung zu analysieren. Keine einfache Aufgabe, denn Lebensmittel enthalten eine Mischung verschiedener Duftstoffe. Diese Duftmuster zu erlernen, ist ein komplizierter und mühsamer Prozess, und es ist gerade für Kinder wichtig, zuerst Naturaromen – also das Originalprodukt – riechen und schmecken zu lernen, bevor sie ihre Nase mit Imitaten aus künstlichen Aromen strapazieren. Feinschmecker und Sommeliers haben ihre Nasen jahrelang trainiert und können Lebensmittel oder Weine erkennen, die sich nur um wenige Komponenten unter den Hunderten von Duftstoffen unterscheiden.

„Feine Zungen" gibt es also überhaupt nicht. Und auch mit den „Gaumenfreuden" ist es so eine Sache. Schmecken kann der Gaumen nämlich nichts, dafür kann er fühlen: das kühle Prickeln von Champagner, die sahnige Konsistenz von Mousse au Chocolat oder das Knackige beim Kauen von Cornflakes. Für dieses haptische Vergnügen, das „mouth feeling", ist der Nervus trigeminus verantwortlich, der dritte im Bunde der chemosensorischen Systeme.

Der Schoko-Nerv

Eigentlich ist er ein Warn- und Schmerznerv, der überall im Mund und in der Nase aktiviert werden kann. Seine Temperaturrezeptoren melden Kälte, wenn wir Menthol lutschen, lauwarme Temperaturen, wenn Thymol aus dem Öl von Thymian oder Oregano in der Nähe ist oder Hitze bei richtig scharfer Currysauce. Wir brechen in Schweiß aus und empfinden sogar Schmerz, wenn der Koch allzu viel Capsaicin in Form von Pfeffer in die Sauce gerührt hat. Aber was im Übermaß weh tut, sorgt in der richtigen Dosis für den Pepp beim Essen.

Nicht zu unterschätzen ist der Trigeminus auch als Empfindungsnerv. Er erzeugt das wohlige Gefühl von Sahne und Fett im Mund und lässt uns den zarten Schmelz von Schokolade spüren. Er sorgt auch dafür, dass uns das Zusammenspiel der verschiedenen Texturen und Geschmäcker glücklich und zufrieden macht. Was sogar umgekehrt gilt: Nur wenn es uns richtig gut geht, können wir auch das Essen genießen. Das stellten britische Wissenschaftler bei einem Versuch fest. Wer vor Glück mehr Serotonin produziert, kann Süßes besser wahrnehmen. Eine Erhöhung des Noradrenalinspiegels machte die Probanden sensibler für Bitteres und Saures. Bei Menschen mit Depressionen oder Angststörungen ist die Produktion beider Stoffe reduziert.

Der Nervus trigeminus kommt aber nicht nur dem Torten- und Schokoladenesser, sondern auch dem Weintrinker zugute. Unser Labor an der Ruhr-Universität Bochum konnte zeigen, dass das Barrique-Empfinden exklusiv von Rezeptoren auf dem Nervus trigeminus vermittelt wird. Dieses pelzigraue Mundgefühl, die so genannte Adstringenz, wird durch chemische Stoffe wie Gerbstoffe und Tannine ausgelöst. Wenn ein Wein im Eichenfass gelagert wird, entsteht der typische Barrique-Geschmack. Allerdings konnten wir diesen Geschmack inzwischen auch im Labor herstellen und den Wein damit beliebig „nachbarriquen". Ein Tropfen entspricht dabei einem Jahr Lagerung im Eichenfass.

3 Drei Spezialisten für vollendeten Geschmack

Ob getäuscht oder echt: In der Belohnungs- und Glückszentrale unseres Gehirns, im Nucleus accumbens, werden alle Informationen von Geruchs-, Geschmacks- und Empfindungssinn verknüpft. Und wenn alles perfekt läuft, werden wir mit dem optimalen Glücksgefühl eines rundum vollkommenen Essens belohnt.

4

Glücklichmacher fürs Gehirn

Bei Schokolade schmelzen wir dahin, und schon bei einem Hauch von Vanillepudding läuft uns das Wasser im Munde zusammen. Warum? Weil sie das Belohnungssystem unseres Gehirns aktivieren. Genauso wie einige andere Lebensmittel, die uns mit Glückshormonen verführen.

Um auf die Audio-Version dieses Kapitels zuzugreifen, klicken sie auf die Kurz-URL oder scannen Sie sie mit der Springer Nature More Media App:

sn.pub/rvl9yk

Schokolade ist die liebste Nascherei der Deutschen und der absolute Star unter den Glücklichmachern. Sie besteht aus 600 Geschmackskomponenten. Studien aus den USA zeigen, dass die Hälfte der Amerikaner lieber auf Sex als auf

Schokolade verzichten würde. Schon beim Anblick frohlockt unser Gehirn, weil es das samtige Gefühl auf der Zunge und das zufriedene Glück nach dem Schokoladengenuss kennt und sich daran erinnert. Hellwach wird vor allem der Nucleus accumbens, ein kleiner Kern im Vorderhirn, zuständig für Lust und Glück. Er ist Teil des Belohnungssystems, eines ganzen Netzwerkes, das auf unterschiedlichste Weise aktiviert werden kann. Da reicht schon ein kleines Lob oder ein herzhaftes Lachen, Anerkennung und Zärtlichkeit oder der Genuss eines tollen Essens. Experimente zeigen, dass dabei die Kombination aus Zucker und Fett besonders wirksam ist und hierbei ist die Schokolade unschlagbar. Der wundersame Nucleus wird durch das Glück bringende Hormon Dopamin stimuliert und sendet dann seine Erregungspotentiale an andere Gehirnareale, wie den Hippocampus, den Sitz der Erinnerung, und die Amygdala, die für Emotionen, Lust und Freude zuständig ist.

Kalorien für einen zufriedenen Bauch
Das Belohnungssystem springt an, wenn der Mensch Dinge isst, die er mag und die für ihn eine positive emotionale Bedeutung haben. Das kann für den einen oder anderen auch das Käsebrot und der saure Hering sein, für die meisten Menschen aber sind es süße, gern auch fette, also energiereiche Lebensmittel. Das liegt daran, dass wir im Laufe der Evolution darauf achten mussten, unseren Körper ausreichend mit Kalorien zu versorgen. Er belohnt uns dafür mit guter Stimmung und einem rundum zufriedenen Bauch.

Im Fall der Schokolade reicht auch schon ein Foto aus, um den Glückskick auszulösen. Da wir uns gern mit Schokolade trösten oder belohnen, genügt das Bild vor Augen und erst recht Schokoduft in der Nase, um in den Wohlfühlzentren des Gehirns wahre Aktivitätsfeuerwerke auszulösen. Londoner Neuropsychologen fanden heraus, dass die Alpha- und die

4 Glücklichmacher fürs Gehirn

Beta-Aktivität der Hirnströme bei Schokoladenduft gleichzeitig erhöht wurden. Alpha-Wellen werden bei entspannten Menschen gefunden, Beta dagegen eher bei aufmerksamen und erregten Menschen. Schokoladenduft scheint also beides zu können: zu entspannen und einen gleichzeitig geistig wach zu halten. Das liegt offenbar an den Inhaltsstoffen. Das Phenylethylamin der Kakaobohne ist eine wahre Glücksdroge und findet sich auch im Blut von frisch Verliebten. Dazu kommt Anandamid, eine Droge, wie man sie auch in der Cannabispflanze findet.

Ähnlich wirksam wie Schokolade sind Bananen. Das konnten die englischen Wissenschaftler per Kernspintomographie beobachten. Bei süßem Bananenduft startet wie bei Schokolade eine Wirkungskette, die zunächst die Produktion von Insulin anregt, das wiederum den Botenstoff Tryptophan in Gang setzt, woraus dann Serotonin gebildet wird, ein wichtiger Bestandteil unseres Glückshormoncocktails. Es sagt uns, wann wir gesättigt und zufrieden sind. Glücklich mit Bananen! Und außerdem gesund, möchte man hinzufügen. So gesund, dass man sich tagelang nur von ihren Vitaminen, Mineralstoffen, Enzymen und Hormonsubstanzen ernähren kann, ohne unter Mangelerscheinungen zu leiden, vor allem da Bananen mit hohem Kohlenhydratanteil auch sehr kalorienreich sind.

Wer keine Bananen mag, wird garantiert mit Vanille glücklich, dem Doping-Duft unserer Kindheit. Er ruft Erinnerungen an die fernen Tage wach, als wir sorglos und geborgen die köstliche, nach Vanille duftende Milch der Mutterbrust genießen durften. Auch Säuglinge riechen nach Vanille, vor allem im Nacken und an der Fontanelle. Dieser Duft prägt uns fürs Leben und sorgt immer wieder für eine ausreichende Produktion von Glückshormonen. Ob als Eiscreme oder Pudding, mit Rum- oder Anisnoten verfeinert, wie bei den Franzosen, oder mit leichtem Touch von Ei und Kondensmilch, wie bei den Engländern: Untersuchungen haben gezeigt, dass Vanille beruhigt, die Stimmung aufhellt und gegen Angst, Stress und Burnout-Symptome hilft. Manchmal merkt man gar nicht, dass Vanille im Spiel ist, denn das Aroma wird auch benutzt, um Bitteres zu maskieren oder Schärfe zu reduzieren. Auch in Schokolade, in vielen Milchprodukten und im Ketchup ist Vanille enthalten. Das Vanillin war übrigens das erste natürliche Aroma, das im Labor nachgebaut wurde. Seine Produktion im Jahr 1874 machte die Hersteller von Puddings und Backwaren unabhängig von den teuren Vanilleschoten aus Übersee.

Some like it hot
Ein feuriger Glücksbote ist die Chilischote. Alle pfefferhaltigen Pflanzen enthalten den Wirkstoff Capsaicin, der den Warn- und Schmerznerven Nervus trigeminus aktivieren kann. Und weil der „Capsaicin-Sensor" gleichzeitig auch für die Wahrnehmung von Hitze zuständig ist, können Chilischoten („hot chili") dieselben Reaktionen auslösen wie heiße Suppe. Im Extremfall sogar: starke Schweißausbrüche und Verbrennungsschmerz. Unser Mund scheint zu glühen, wobei sich jedoch objektiv die Temperatur nicht geändert hat. Die Empfindung entsteht allein im Gehirn. Aber genau wie bei einer Brandverletzung soll der Schweiß uns abkühlen, die Ausschüttung von Endorphinen schützt uns vor Schmerz und wirkt dabei ähnlich wie Morphium. Zusammen mit der massiven Durchblutungssteigerung sorgt der Endorphin-Kick dafür, dass der Mensch in einen belohnenden Glücksrausch verfällt. Er kann sogar süchtig machen und Menschen dazu verführen, ihr Essen immer feuriger zu schärfen.

Der fünfte Glücksmacher ist der Käse. Nicht umsonst der Abschluss eines guten Essens. Käse ist reich an Tryptophan, wie Schokolade und Banane, und natürlich an vielen wichtigen Proteinen und Kohlenhydraten. Trinkt man zum Käse noch ein Glas Rotwein, so verstärken sich beide in der Stimulation des Belohnungszentrums, denn Rotwein verlangsamt den Abbau von Serotonin. Serotonin macht übrigens nicht nur glücklich, sondern auch selbstbewusster. Das fanden Forscher erst kürzlich heraus. Personen, die während des Versuchs eine tryptophanarme Diät zu sich nahmen, begannen bald, ihre eigenen Interessen zu vernachlässigen. Eine Kontrollgruppe, die regelmäßig Käsebrote aß, glänzte dagegen mit Selbstbewusstsein und Entschlossenheit. Eine Veröffentlichung im renommierten Wissenschaftsblatt „Science" rückt die Substanz Serotonin noch in ein völlig neues Licht. Bisher schrieb man Verhandlungsgeschick und Klarheit der Gedanken vor allem einem optimalen Blutzuckerspiegel zu – ist er zu niedrig, umwölkt sich das Hirn. „Viel wichtiger ist der Serotonin-Spiegel", korrigieren jetzt die Cambridge-Mediziner und weisen Serotonin einen entscheidenden Anteil bei der Steuerung unserer Emotionen und unseres sozialen Verhaltens zu.

5

Der gute Riecher der Tiere

Die Nase spielt im Tierreich eine zentrale Rolle. Sie erkennt Gefahren, findet Nahrung und den richtigen Partner. Unter den Säugetieren hat der Elefant die längste Nase und die meisten Riechrezeptoren. Ob er damit auch am besten riechen kann, ist bisher allerdings nicht erforscht.

Um auf die Audio-Version dieses Kapitels zuzugreifen, klicken sie auf die Kurz-URL oder scannen Sie sie mit der Springer Nature More Media App:

sn.pub/1jiqjn

Einen guten Riecher zu haben, ist für Tiere lebenswichtig. Der Geruchssinn hilft ihnen, sich zu orientieren, Gefahren frühzeitig zu erkennen, Nahrung zu finden und den richtigen Partner auszuwählen. Die meisten Tiere können deshalb viel besser riechen als Menschen. Nicht nur Säugetiere verfügen über ein exzellentes Riechorgan, auch Reptilien, Vögel und Fische können Gerüche empfindlich wahrnehmen. Die längste Nase im Tierreich ist sicher der Rüssel des Elefanten. Zur Überraschung, selbst von Wissenschaftlern, haben neuere Studien gezeigt, dass Elefanten außerdem sogar die meisten funktionsfähigen Gene für Riechrezeptoren besitzen, nämlich etwa 2000, während Maus, Ratte oder Hund es gerade mal auf die Hälfte bringen. Beim Menschen sind nur noch ca. 400 Riechrezeptoren übrig. Einer unserer Lieblinge unter den Säugetieren kommt übrigens ganz ohne Riechrezeptoren aus, das ist der Delphin. Er ersetzt den Geruchssinn durch eine exzellente Ultraschallsensorik.

Die Zahl der unterschiedlichen Riechrezeptoren sagt etwas darüber, wie viele verschiedene Duftstoffe die Nase erkennen kann, nicht aber wie empfindlich sie ist. Hierbei spielt die Sensitivität der einzelnen Riechrezeptoren und deren Passgenauigkeit (Spezifität) für bestimmte Duftstoffe eine genauso wichtige Rolle wie die Anzahl der Riechzellen. Und hier gibt es einen Überraschungssieger: Mit etwa einer Milliarde Riechzellen ist der europäische Aal der derzeit bekannte Spitzenreiter.

Tierische Supernasen
Zum Vergleich: Der Schäferhund hat 200 Mio., der Mensch gerade noch 20 Mio. Riechzellen. Wissenschaftler haben ausgerechnet, dass die Aal-Nase bereits einen Tropfen Parfum in der dreifachen Wassermenge des Bodensees aufspüren kann. Dieser überragende Geruchssinn hilft dem Aal, im dunklen Wasser seine Beute zu jagen, vor allem aber auch dabei, für Paarung und Eiablage den Weg zurück in heimatliche Gewässer zu finden. Und das, obwohl er auf seinen Wanderungen tausende Kilometer zurücklegt.

Der Aal beweist damit eindrucksvoll, dass Riechen nicht nur in der Luft, sondern auch unter Wasser funktioniert.

Im Gegenteil: In der Dunkelheit des Urmeeres entstand das Riechen erst. Dort, wo alles Leben auf dieser Erde begann.

Auch unser Leben übrigens. So wundert es nicht, dass auch wir genau besehen „unter Wasser" riechen, denn auch bei uns müssen die Duftmoleküle erst durch eine dicke, wässrige Schleimschicht hindurch zu den Riechzellen. Einer der letzten noch lebenden Vorfahren aller Wirbeltiere ist der Schleimaal. Er lebt seit 300 Mio. Jahren in bis zu 2000 Metern Tiefe in nahezu völliger Dunkelheit. Schon dieser Aal besitzt 10 Gene für Riechrezeptoren, die sich bis heute bei allen Fischen und selbst bei uns Menschen noch wiederfinden. Die höchst entwickelten Fische, wie z. B. Zebrafische, bringen es dann immerhin bereits auf etwas mehr als 100 verschiedene Riechrezeptoren.

Als die Tiere an Land gingen, bekamen Duftstoffe eine immer größere Bedeutung für ihr Leben. Sie wurden vom Wind über viel weitere Entfernungen getragen als das Auge (und Ohr) reichte. So konnten sie vor Feinden und Gefahren warnen, Nahrungsquellen und Wasser anzeigen und über mögliche Fortpflanzungspartner informieren. Mit den Anforderungen stieg auch die Zahl der Riechrezeptoren stetig an. Erst als die Augen lernten, mehr Farben zu sehen und zu unterscheiden und sich Augen und Gehirn besser und komplexer entwickelten – wie bei Primaten und Menschen – verlor der Geruchssinn wieder etwas an Bedeutung. In der Folge sank die Zahl der Riechrezeptoren von über 1000 bei Ratte und Maus, Hund und Katze, deshalb auf etwa 550 beim Affen und ca. 400 beim Menschen.

Auch Vögel, so nahm man bisher an, verlassen sich beim Beutefang eher auf ihre guten Augen, schließlich haben sie keine Nasen wie wir sie kennen, sondern eben Schnäbel. Doch Wissenschaftlern vom Max-Planck-Institut gelang es jetzt, Störche zu beobachten, die gezielt auf frisch gemähte Wiesen zuflogen, um dort leichter Frösche, Schnecken und anderes Getier aufzuspüren. Schon das Aufsprühen von grünen Blattduftstoffen genügte, um die Störche anzulocken.

Die Forscher vermuten, dass der Geruchssinn auch bei der Futtersuche anderer Vogelarten wichtig sein könnte. Denn auch Greifvögel wie Bussarde und Rotmilane steuern gern frisch gemähte Wiesen an. Außerdem zeigen jüngste Forschungen, dass auch bei Zugvögeln duftende Landmarken für die Orientierung eine zentrale Rolle spielen. Wie viele Riechrezeptoren dabei eine Rolle spielen, weiß man allerdings noch nicht.

Übung macht den Meister
Eindeutig ist, dass der Hund die Schnauze vor dem Menschen hat, wenn man die Anzahl der Riechrezeptoren betrachtet. Doch die Geruchsleistung lässt sich kaum anhand dieser Zahlen voraussagen. Bei Geruchsidentifikationstests schnitten Mensch und Affe oft ähnlich gut ab Eher kommt es darauf an, wie wichtig Duftmoleküle für das tägliche Leben sind. Menschen finden Bananen prima, Affen auch, Hunden sind sie egal. Kein Wunder, dass ein Hund deshalb eine Banane eher schlechter als ein Mensch riecht. Bananenschalen wiederum haben auf andere Tiernasen eine ganz besondere Wirkung: Mäusemännchen können ihren Geruch überhaupt nicht leiden. Sie reagieren mit der Ausschüttung von Stresshormonen. Der Grund dafür: Weibliche Mäuse, die entweder hochschwanger oder stillend sind, machen den Männchen mit dem gleichen Geruch von Essigsäure-n-pentylester klar, dass mit ihnen grade nicht zu spaßen ist und sie ihre Jungen gegen jeden Übergriff eines fremden Männchens zu verteidigen gedenken. Denn Mäusemännchen sind dafür bekannt, fremden Nachwuchs zu töten, damit nur die eigenen Gene innerhalb der Gruppe weitergegeben werden.

Doch zurück zu den Hundenasen. Manche von ihnen sind die reinsten Supernasen und leisten dem Menschen wertvolle Dienste als Begleithunde oder beim Aufspüren von Krankheiten. Mehr dazu im Kapitel „Diagnostik mit der Nase".

5 Der gute Riecher der Tiere

Doch nicht alle Hunde sind mit einer super Spürnase ausgestattet. So sind die kurzen, platten, schlecht durchlüfteten Nasen eines Boxers mit einer geringen Fläche der Riechschleimhaut und entsprechend weniger Riechzellen bei weitem nicht so gut zur Spurensuche geeignet wie die langen Nasen der Blut- oder Schäferhunde. Deren Schnüffelfrequenz kann auf bis zu 300-mal pro Minute ansteigen und damit auch noch geringste Duftmengen zum Analysieren in die Nase transportieren. Gleichzeitig sammelt sich die einmal eingeatmete Luft samt der darin enthaltenen Duftmoleküle in einer Art „olfaktorischen Nische" in der Tiernase. Die Duftmoleküle sind so in der Lage, für lange Zeit mit den Riechzellen in Kontakt zu bleiben. Beim Menschen dagegen wird die Nase beim Ausatmen jedes Mal leergefegt.

Einen ganz wesentlichen Beitrag zur Supernase trägt jedoch die bewusste Beschäftigung mit Düften bei. So sind viele Tiere nach der Geburt blind und vom ersten Atemzug an abhängig von der Erkennung von Duftstoffen. Sie müssen die Mutterbrust finden, Artgenossen erkennen oder sich in der Umgebung orientieren. Während Menschen Düfte meist nur unbewusst wahrnehmen und keine Aufmerksamkeit darauf richten, ist dies bei Hunden, Katzen oder Mäusen völlig anders. Von Jugend an „sehen" sie ihre Welt mit der Nase, üben, trainieren und schulen sich im Schnüffeln. Das Beispiel von Parfumeuren oder Sommeliers beim Menschen zeigt, dass eine intensive und bewusste Beschäftigung mit Düften und tägliches stundenlanges Üben auch uns Menschen zu Supernasen machen kann. Auch wir verfügen über herausragende olfaktorische Fähigkeiten, wenn wir sie nur nutzen würden. Ob wir es jemals zur Perfektion eines Spürhundes bringen könnten, ist allerdings fraglich. Exakte wissenschaftliche Daten fehlen. Denn bisher hat noch kein Mensch mit der Nase am Boden Spuren über lange Strecken verfolgt oder sich systematisch mit dem Erschnüffeln von Sprengstoff und Rauschgift beschäftigt.

6

Geheime Botschaften der Pheromone

Tiere brauchen keine Worte, um sich zu verständigen. Hauptsache, die Chemie stimmt. Mit Pheromonen erkennen sie das Geschlecht der Artgenossen, locken attraktive Sexpartner an und warnen vor Feinden. Ein spezielles Organ hilft bei der Kommunikation.

Um auf die Audio-Version dieses Kapitels zuzugreifen, klicken sie auf die Kurz-URL oder scannen Sie sie mit der Springer Nature More Media App:

sn.pub/fwgiib

In mancher Hinsicht sind Tiere zu beneiden. Sie schnüffeln und stinken fröhlich vor sich hin und keiner stört sich daran. Im Gegenteil. Riechen am Hinterteil oder am Laternenpfahl gleicht dem Austausch von Visitenkarten. Setzt ein Rüde eine Duftmarke an einen Baum, hinterlässt er wertvolle Informationen: „Ich bin jung, stark und potent, also verpisst euch aus meinem Revier! Weibchen willkommen!" Selbst die genaue Uhrzeit können andere Hunde anhand der Zerfallszeiten der Düfte erkennen. Der nächste Hund versucht allerdings diese Botschaft durch eigene Nachrichten zu „übersprühen", entsprechend intensiv kann es an solchen Markierungsstellen dann riechen. Diese Duftsprache der Hunde verstehen nur Artgenossen. Sie existiert neben der erlernten und anerzogenen Duftbewertung. Weder Katzen noch andere Säugetiere nehmen die Botschaften wahr, vom Menschen ganz zu schweigen. Nur andere Hunde sind in den Code eingeweiht und ein Hundepheromon wird auch nur von Hunden produziert. Bei denen allerdings löst es reproduzierbare, immer gleiche „Zwangsreaktionen" aus.

Wenn Tiere ihre Artgenossen vor einer drohenden Gefahr warnen, werden alle umgehend die Flucht ergreifen. Ist eine Hündin läufig, gibt es für einen Rüden weder Herrchens gute Worte noch dessen Leckerlis – er flitzt davon, um seine natürliche Aufgabe zu erledigen. Auch Rangordnung, Angst oder Reviergrenzen werden mitgeteilt. Tiere besitzen zur Wahrnehmung solcher Pheromone ein spezielles Organ, um die chemischen Botschaften zu verstehen. Nach seinem Entdecker heißt es Jacobson-Organ oder – nach seiner Lage in der Nasenscheidewand (vomer) – Vomeronasal-Organ (VNO). Während Menschen und Menschenaffen im Verlauf ihrer Entwicklung dieses wichtige zusätzliche Duftorgan stillgelegt haben, ist es bei Mäusen, Katzen oder Pferden noch extrem funktionsfähig. Das VNO besteht dabei aus einer blind endenden, dünnen Röhre zu beiden Seiten der Nasenscheidewand, die von der Atemluft schlecht zu erreichen sind. Und es funktioniert wie eine Gummipipette, die Luft und damit Pheromone aufsaugt. Manche Tiere haben eine spezielle Atemtechnik entwickelt, das Flehmen, sozusagen um die „Pipette" besonders stark einzudrücken. Pferde, Schafe und vor allem Kamele ziehen dabei Nase und Oberlippe hoch, auch

Katzen saugen auf diese Weise möglichst viele Duftmoleküle in das VNO. Dort befinden sich auf Pheromone spezialisierte Sinneszellen, die über dünne Nervenfäden direkt mit tiefen Gehirnregionen (Hypothalamus) verdrahtet sind. Dies erklärt auch, warum Pheromone immer die gleiche, reproduzierbare Reaktion des Tieres auslösen. Pheromone sind bereits für Neugeborene wichtig. Ihnen weist ein spezielles Zitzenpheromon den Weg zur Mutterbrust und löst den Saugreflex aus. Wiederum besitzen auch Katzen einen anderen Duft als Kaninchen, Hunde oder Mäuse.

Kein Sex ohne Duft
Neben allen anderen Aufgaben sind Pheromone vor allem als Liebesdüfte wichtig. Im Tierreich gilt: kein Sex ohne den richtigen Duft. Die Natur nennt es Arterhaltung und kennt allerhand Tricks. Beim Eber zum Beispiel hat sie aus unerfindlichen Gründen an entscheidender Stelle gespart: Sein korkenzieherartig geformter Penis beeindruckt keine Sau. Aber sogleich wird dieses Manko auf ziemlich rustikale Weise behoben: Mit einem Duftstoff, der in diesem Fall eher einer KO-Droge ähnelt. Denn der Eber macht sich für seine Sex-Gelüste die Pheromone Androstenon und Androstenol zunutze. Er verteilt sie mit seinem Speichel, um bei der Sau die sogenannte Duldungsstarre auszulösen: Sie hält still bis alles vorbei ist. Allerdings wirken die Verführungsdüfte nur zum Zeitpunkt ihres Eisprungs.

Menschen finden das Pheromon Androstenon so widerlich nach Urin stinkend, dass Eberfleisch praktisch unverkäuflich ist. Kleine Eber wurden daher früher oft auf brutale Weise vor der Geschlechtsreife kastriert, inzwischen ist die betäubungslose Kastration zum Glück verboten. Man findet Androstenonduft übrigens auch im Trüffel – kein Wunder, dass die Sau ihn sucht und „zum Fressen" gernhat. Selbst im Achselschweiß des Mannes kommt er vor, was Männer in Frauennasen nicht attraktiver macht, aber, wie Wissenschaftler gezeigt haben, zumindest während des Eisprungs von Frauen signifikant weniger stinkend empfunden wird. Immerhin. Tierische Sexualpheromone können zwar auch Menschen gefallen, wie Moschus vom gleichnamigen Ochsen oder Zibet von der Zibetkatze, aber tierische Wirkungen haben sie keine.

Die tierische Duftkommunikation funktioniert sogar unter Wasser und sorgt auch dort für ein erfolgreiches Liebesleben. Hummer würden sich ohne den Liebesduft niemals näherkommen, sondern stattdessen bekämpfen. Weil die Hummerweibchen sich nur direkt nach der Häutung paaren können, wenn sie noch ohne festen Panzer sind, würden sie ohne Duftschutz sogar Gefahr laufen, von männlichen Tieren gefressen zu werden. Der Duft stimmt das Hummermännchen gnädig und die Holde darf sogar für ein paar Tage in seine sichere Höhle einziehen.

In der Welt der Insekten spielen Alarmpheromone eine große Rolle. Damit organisieren Insekten ihren Sozialstaat, markieren Futterquellen und warnen bei Gefahr. Dazu mehr im Kap. 7. Selbst die kleinen Blattläuse alarmieren ihre Artgenossen bei einem Angriff. Ein kleiner Tropfen des Alarmpheromons sorgt dafür, dass sich alle Blattläuse plötzlich zu Boden fallen lassen.

Artgenossen werden gewarnt

Pflanzen wiederum wehren sich auf ganz eigene Art gegen Blattläuse und andere Schädlinge. Auch sie produzieren nämlich Pheromone, in diesem Fall Duftstoffe, mit denen sie sowohl die Feinde der Blattläuse anlocken, als auch ihre Nachbarpflanzen warnen. Tomaten wehren sich mit der Produktion von Solanin, um angreifenden Raupen den Appetit zu verderben. Wird eine Tomatenpflanze dagegen von Spinnmilben attackiert, lockt sie mit einem Duftstoff Raubmilben an, die wiederum die Spinnmilben fressen. Artgenossen spüren, dass Gefahr droht und können frühzeitig mit der Produktion spezifischer Abwehrstoffe beginnen. Ob verschiedene Pflanzenarten sich untereinander verständigen können, ist noch weitgehend unerforscht. Vom Salbei wissen wir aber,

6 Geheime Botschaften der Pheromone

dass er ganze Schwaden von Duftstoffen verströmt, die auch von Tabakpflanzen verstanden werden. Auch unterirdisch kommunizieren die Pflanzen über ein Netzwerk von Wurzeln und Pilzfäden, das so genannte Mykhorriza-Netz. Es dient in erster Linie zur besseren Versorgung mit Nährstoffen.

Tiere lassen sich von Pheromonimitaten aus der Pflanzenwelt auch schon mal täuschen. Baldrian oder Katzenminze z. B. können rauschähnliche Zustände auslösen, die Tiere sexuell erregen, so dass sie sich darin wälzen und daran knabbern. Dies erklärt, warum man Katzen mit entsprechend beduftetem Spielzeug eine große Freude macht. Der Einsatz von speziellen Wohlfühl- und Sozialpheromonen kann auch beim Stressabbau helfen und das Wohlbefinden fördern. Sie stammen, ähnlich wie beim Hund das sog. DAP (dog appeasing pheromone) von der weiblichen Brustdrüse oder es sind Duftstoffe von Pheromondrüsen hinter den Ohren der Katze. Eigentlich werden sie beim Stillen oder „Köpfeln" der Katzenmutter zur Beruhigung ihrer Kinder gebildet. Insofern ist das Köpfeln oder Schmusen der Katzen auch nicht unbedingt ein Liebesbeweis, sondern sie markieren uns und nehmen uns damit in Besitz.

Das Gegenteil bewirken die Alarmpheromone, die eigentlich Artgenossen warnen, stressen und zur Flucht veranlassen. „Verpissdich", ein häufig eingesetztes Kraut im Garten, das Katzen vertreiben soll, scheint eine ähnliche Duftmischung zu enthalten. Auch diese abschreckenden Pheromone sind früh in der Evolution entstanden. Schon der Goldfisch produziert sie. Besonders wichtig sind sie allerdings bei Wildtieren und auch hier nur innerhalb einer Art. Der Duft von Menschen als Feinden ist dagegen kein Pheromon, sondern erlernt. Auch er löst bei vielen Tieren eine Fluchtreaktion aus. Manche Jäger kennen deshalb eine ganz besondere Abschreckung: Sie laufen um ihr geschossenes Wild herum und verhindern durch die menschliche Duftspur, dass andere Tiere wie Fuchs oder Wildschwein sich nähern, obwohl sie „den Braten riechen".

7

Der Duft der fliegenden Sexmaschinen

> Bei Insekten steckt die Nase in den Fühlern. Sie detektieren Düfte und Pheromone, mit denen die Insekten kommunizieren. Manche Schmetterlinge haben sich auf Sexualpheromone spezialisiert. Ihre Männchen sollen nur eines erledigen: als Flying Sex-Machines für Nachwuchs sorgen.

> Um auf die Audio-Version dieses Kapitels zuzugreifen, klicken sie auf die Kurz-URL oder scannen Sie sie mit der Springer Nature More Media App:
>
> sn.pub/jkeeoy

Mit ihren Fühlern, die auch „Antennen" genannt werden, können Fliegen, Bienen, Falter oder Ameisen jede Art von Düften wahrnehmen. Sie erkennen Nahrung, Gefahren und auch den Duft von Artgenossen. An den Fühlern sitzen Riechhaare, die Sensillen, in deren Innern sich Riechzellen mit Duftsensoren, sogenannten Rezeptoren, befinden. Jede Riechzelle ist eine Spezialistin, sie stellt nur einen Typ von Duftrezeptoren her. Die Wand des Riechhaares ist porös, sodass die Duftstoffe von außen zu den Sinneszellen gelangen können. Dort werden die chemischen Informationen mithilfe der Duftrezeptoren umgewandelt in elektrische Impulse, die über die langen Nervenfasern der Sinneszellen ins Gehirn geleitet werden, was bei Insekten ganz ähnlich abläuft wie bei Menschen und Wirbeltieren. Die Strompulse wiederum erzeugen geruchsspezifische Erregungsmuster, an denen die Insekten die verschiedenen Duftstoffe erkennen.

In Bochum gelang es uns im Jahre 2005 erstmals, einen Insekten-Duftrezeptor mit einem Duftstoff zu aktivieren und so zu zeigen, dass die Rezeptoren – im Gegensatz zu denen von Wirbeltieren – als Tandem arbeiten, bestehend aus einem duftstoffspezifischen Teil und einem stromproduzierenden Verstärkungsteil. Das erhöht die Empfindlichkeit enorm, sodass bereits wenige Duftmoleküle ausreichen, um eine Zelle zu erregen.

Bei diesen Untersuchungen fanden wir zufällig unter den 60 Riechrezeptoren der Fruchtfliege Drosophila den „Marzipan"-Rezeptor und konnten ihn sogar mit einem Antiduft blockieren. Schade, dass wir ihn beim Menschen noch nicht kennen. Er könnte vielen Marzipanliebhabern zu Weihnachten zusätzliche Kilos ersparen.

Die Sprache der Pheromone
Auf den Antennen gibt es aber noch eine zweite Rezeptorfamilie, die sogenannten Pheromonrezeptoren. Sie sind extrem spezialisiert, reagieren nur auf einen einzigen Duftstoff und dienen ausschließlich der Duftkommunikation zwischen den Tieren selbst. Das Verschaltungsmuster der Riech- und Pheromonzellen ist von Geburt an fest im Gehirn verdrahtet, allerdings sehr unterschiedlich.

7 Der Duft der fliegenden Sexmaschinen

Mit den Riechrezeptoren können Fliegen, Hummeln, Schmetterlinge oder Ameisen Nahrungsquellen ausfindig machen und auch Pflanzen, Pilze oder tierische Gewebe erkennen, die für die Eiablage in Frage kommen. Manche Düfte wirken abschreckend und führen zu einem Fluchtverhalten, weil sie eine Gefahr signalisieren oder von Fressfeinden kommen. Solche Verhaltensweisen können auch schon bei Insekten durch Belohnung (Nahrung) oder Bestrafung verstärkt werden.

Darüber hinaus haben Insekten genauso wie Säugetiere untereinander ein ausgeprägtes System der chemischen Kommunikation, die „Sprache der Pheromone" entwickelt. Jede Insektenart spricht dabei ihre eigene Sprache. Soziale Insekten wie Ameisen oder Bienen erkennen daran die Mitglieder des Staates als Freunde und können sie von feindlichen Kolonien unterscheiden. Es gibt Spurpheromone, also Markierungsdüfte, mit denen man selbst den Weg wieder zur Futterquelle findet oder ihn auch anderen anzeigt. Und es gibt Warn- und Alarmpheromone, die Individuen abgeben, wenn sie bedroht werden, um die anderen Koloniemitglieder zu warnen oder sogar angriffslustig zu machen. So reicht oft der Stich einer einzigen Biene, Wespe oder Hornisse, um bald hunderte von ihnen am Hals zu haben. Denn wenn Bienen und Wespen zur Verteidigung ihren Stachel einsetzen, verströmen sie gleichzeitig einen Duftstoff, der im gesamten Stock wahrgenommen wird: Gefahr droht! Schon eilt der ganze Schwarm zum Kampf herbei. Großartige Spezialistinnen in Sachen Pheromonduft sind alle Arten von Ameisen. Sie produzieren über 25 Duftstoffe, die sie einzeln oder kombiniert zur Kommunikation nutzen.

Spezialisten am Werk
Schließlich gibt es viele Pheromone bei der Brutpflege, um zu signalisieren, dass der Nachwuchs Futter benötigt und vor allem welches Futter. Arbeiterinnen, Drohnen und Königin erhalten nämlich unterschiedliche Nahrung. Am bekanntes-

ten ist vermutlich die „Queen Substance" bei Bienen, das Spezialfutter für die Königin. Diese sogenannte „Königinnensubstanz" ist ein Pheromon, das die Ausbildung von Ovarien bei den Arbeitsbienen hemmt und damit die Nachzucht weiterer Königinnen verhindert. Sie dient aber beim Ausschwärmen eines Bienenvolkes auch als Sexuallockstoff während des Hochzeitsfluges. Und wie überall im Tierreich spielen solche Sexualpheromone eine ganz besondere Rolle.

Bei meiner wissenschaftlichen Forschung im Max-Planck-Institut in Seewiesen untersuchte ich Schmetterlinge, genauer gesagt: Nachtfalter. Es ging darum herauszufinden, wie die Männchen in der Dunkelheit ihre Weibchen finden können. Wir stellten fest, dass bei den etwa 400 verschiedenen Nachtfalter (Noctuiden)-Arten die Weibchen jeweils eine Mischung spezifischer Sexualpheromone abgeben, um damit gezielt Männchen der gleichen Art anzulocken. Mit zunehmender Artenzahl führte das im Laufe der Evolution dazu, dass die Komplexität der Duftstoffmoleküle immer höher und auch die Mischungen immer komplexer werden mussten. Entsprechend spezialisierten sich die Empfänger immer weiter. So können 90 % der Riechzellen des Seidenspinner-Männchens nur noch Sexualpheromone erkennen, aber diese dafür in geringsten Konzentrationen und über Kilometer weite Entfernungen. Da diese Tiere von Geburt an große Energievorräte mitbringen, brauchen sie keine Nahrung. Ihre einzige Aufgabe besteht darin, ein Weibchen zu finden und sich fortzupflanzen. Sie sind tatsächlich als „Flying Sex-Machines" unterwegs. Dass sie dann auch noch selbst ein spezifisches Sexualpheromon abgeben, dient allein der Sicherheit: Die Weibchen sollen nur solchen Männchen die Kopulation erlauben, die das richtige „Parfüm" verströmen. Nach der Kopulation verlieren viele Insektenweibchen plötzlich ihre Attraktivität und lassen partout keine Paarung mehr zu. Auch hierfür ist ein Pheromonduft verantwortlich: ein Abschiedsgruß der Männchen, die damit ihre Damen besprühen.

8

Täuschen und Tricksen mit unwiderstehlichen Düften

Manche Pflanzen und Tiere locken mit Schönheit, andere verführen mit unwiderstehlichen Düften. Durch bestimmte Stoffe gelingt es sogar, Rivalen zu täuschen und Feinde in die Flucht zu schlagen. Der Mensch nutzt solche Düfte für seine ganz eigenen Zwecke.

Um auf die Audio-Version dieses Kapitels zuzugreifen, klicken sie auf die Kurz-URL oder scannen Sie sie mit der Springer Nature More Media App:

sn.pub/dkrj18

Für das Überleben der Art, muss man sich ins Zeug legen. Und wenn die natürlichen Reize nicht ausreichen? Dann greift man eben zu Hilfsmitteln. Menschen haben die kleinen und großen Trickereien perfektioniert. Doch Tiere und Pflanzen kennen optische Täuschungen und falsche Verlockungen ebenfalls: Ihre Welt lebt von Lockstoffen.

Manche imitieren Lockstoffe bestimmter Insekten, um sie anzulocken und eine bessere Bestäubung zu erreichen. Oder auch, um sie zu fangen und zu fressen. Die Hummelorchidee (Ophrys, Ragwurz) ist dafür ein gutes Beispiel. Mit ihrer Blüte imitiert sie nicht nur den Hinterkörper und die Farbe einer bestimmten Hummelart, sondern ahmt auch deren Sexuallockstoff nach. Damit will sie ihre Chancen auf Bestäubung und optimale Befruchtung – und zwar innerhalb ihrer eigenen Orchideenart – verbessern.

Prachtbienen, die eng mit den Hummeln verwandt sind, machen es sich noch einfacher. Sie sparen sich die Duftproduktion. Stattdessen sammeln sie das Sexualparfum bei den Blüten ein und nutzen ihren Besuch auch gleich, um allen anderen einen duftenden Fußabdruck zu hinterlassen: Ich war schon da, hier ist nichts mehr zu holen.

Duften nach der Uhr

Nicht ganz so spezifisch, aber nicht weniger effektiv sind Pflanzen, die die Lockduftproduktion genau an die Flugzeiten der bestäubenden Insekten angepasst haben. So duftet das Geißblatt (Dictamnus) nur gegen Abend, wenn die Schwärmer unter den Schmetterlingen, die mit ihren langen Rüsseln die Blüten bestäuben, als dämmerungsaktive Tiere unterwegs sind. Wobei auch Vorlieben für bestimmte Düfte zur Effizienzsteigerung genutzt werden. Das kann der honigartige Duft der Lindenblüten sein, aber auch der Duft nach gärenden Früchten des Aronstabs, der vor allem Fruchtfliegen anlockt. Bis sie den Schwindel bemerkt, hat die Pflanze bereits ihren Pollen angeheftet, und er wird mit der Fliege zur nächsten Blüte weitergetragen.

Der fäkalienartige Duft der Stinkmorchel oder der nach verrottetem Fleisch stinkende Weißdorn, der faulige Geruch der Aasblume oder der Südamerikanischen Orchidee (Satyrium pumilum) machen die Pflanzen für alle Insekten attraktiv, die Aas fressen (Nekrophagen) oder ihre Eier dort ablegen. Das können Fleischfliegen sein, aber auch Stubenfliegen und viele Käferarten. Das Duftimitat der betrügerischen Pflanzen ist dabei so echt und unwiderstehlich, dass die Fliegenweibchen es für den perfekten Eiablageplatz auf Tierleichen halten. Über Geschmack lässt sich schon bei Insekten nicht streiten.

Es gibt aber auch insektenfressende Pflanzen wie den Sonnentau, die Venusfliegenfalle oder die Kannenpflanze, die spezielle Duftstoffe produzieren und nutzen, um gezielt Insekten in die Falle zu locken. Noch raffinierter sind manche Schmetterlingsmännchen (wie der Kohlweißling), die nach der Kopulation das Weibchen mit einem Duftstoff (Methylsalicylat) besprühen, der für weitere Männchen ein deutliches Signal ist: Annäherung unerwünscht, das Weibchen ist bereits befruchtet, also gefälligst abschwirren!

No sex, please!
Dieses „Antiviagra" für Schmetterlinge könnte natürlich in Zukunft auch eingesetzt werden, um in einer Region alle, auch die noch unbefruchteten Weibchen, unattraktiv zu machen. Bereits im Einsatz sind Sexualpheromone von Schädlingen wie dem Borkenkäfer oder dem Traubenwickler im Weinbau. In Pheromonfallen, die mit dem entsprechendem Sexualduft gefüllt sind, werden Männchen gefangen, um möglichst viele aus dem Verkehr zu ziehen. Außerdem dient die Anzahl gefangener Männchen pro Tag als Information, um den Einsatz von Insektiziden gezielt durchzuführen und auf einen möglichst kurzen Zeitraum zu beschränken. Inzwischen kennt man auch die Sexualpheromone, die die Weibchen von häuslichen Schädlingen benutzen, wie die von Lebensmittel- und Kleidermotten. Auch hier kommen Pheromonfallen zum Einsatz, um die Männchen anzulocken und zu fangen. Dabei sollte man aber immer das Fenster geschlossen halten, sonst besteht die Gefahr, dass der Sexualduft sogar noch Tiere von außen in die Wohnung lockt.

Durch den Klimawandel gibt es auch bei uns immer mehr Mückenplagen. Nicht nur Stechmücken, sondern auch krankheitsübertragende Mückenarten aus südlichen Bereichen sind inzwischen bei uns heimisch, die Malaria, Fieber oder Schlafkrankheiten transportieren. Auch bei der Bekämpfung dieser Tiere helfen die neuen wissenschaftlichen Erkenntnisse über das Riechen. So wurden bereits „Duftblocker" entwickelt, um das Riechvermögen der Tiere drastisch zu reduzieren. Man hat aber auch erforscht, warum etwa 20 % der Menschen starke Mückenmagnete sind und bevorzugt gestochen werden. Eine genetische Disposition ist schuld: Normale Stechmücken stehen vor allem auf Kohlendioxyd (CO_2), und je mehr davon eine Person oder ein Tier durch die Atmung freisetzt, desto attraktiver werden beide für die Mücken. Bis zu 50 m weit kann die Mücke ihr Opfer riechen.

Besonders betroffen sind Schwangere und Menschen der Blutgruppe 0, zumindest zeigen dies Versuche mit der asiatischen Tigermücke. Entscheidend scheint dabei auch der Einfluss der Hautbakterien zu sein, die über ihren Stoffwechsel unterschiedliche Duftstoffe produzieren. Je größer die Population von Mikroorganismen auf der Haut, desto anfälliger wird der Mensch für Mückenstiche. Da sich der menschliche Schweiß aber aus mehr als 400 Duftstoffen zusammensetzt, ist es bisher noch nicht gelungen, die genaue Essenz zu finden, die Mücken abhält oder anzieht. Manchen Pflanzen und Kräutern wird eine abschreckende Wirkung auf Mücken nachgesagt: Zitronenmelisse, Basilikum und Pfefferminz sollen sie vertreiben, ebenso Salbei, Tomatenpflanzen und Lavendel. Letzteres hilft auch im Schrank gegen Motten, Spinnen und Flöhe. Aber je nach persönlicher Disposition werden uns wohl mehr oder weniger wirksame Antibrumm-Mittel und der quälende Juckreiz nach sommerlichen Abenden noch eine Weile begleiten.

Für die Pflanzen selbst besteht die wichtigste Bedeutung der ätherischen Öle allerdings in der Schutzwirkung für sie selbst vor dem Befall von Viren, Bakterien und Pilzen. Sie haben seit Millionen von Jahren die Zusammensetzung der ätherischen Ölmischungen optimiert. Davon profitiert auch der Mensch und verwendet von alters her diesen Supermix bei bakteriellen Infektionen, Pilzbefall und viralen Erkrankungen, inzwischen sogar bei Corona-Infektionen.

9

Niemand riecht so gut wie du

In unserer desodorierten Welt möchte keiner mehr riechen. Dabei können Körperdüfte sehr attraktiv sein. Sie weisen Frauen den Weg zum passenden Liebespartner und signalisieren Männern, wann sich die Eroberung lohnt. Ganz im Sinne der Natur: zur Erhaltung der Art mit gesundem Genpool. Und womöglich auch zum Vergnügen.

Um auf die Audio-Version dieses Kapitels zuzugreifen, klicken sie auf die Kurz-URL oder scannen Sie sie mit der Springer Nature More Media App:

sn.pub/cftubo

Jeder Mensch riecht anders. Das gilt für seinen eigenen Körpergeruch als auch für die Fähigkeit seiner Nase. Sie weiß schnell, welche Düfte wir abstoßend oder anziehend finden, ob wir jemand riechen können oder nicht. Ob Stupsnase oder Adlermodell – Form und Größe sind dabei ganz egal. Jeder Mensch bewertet Düfte individuell, es kommt allein auf die Erinnerungen des Nasenträgers an und auf seine genetische Ausstattung. Eigentlich sollten wir uns an unserem Körpergeruch erfreuen und der Natur vertrauen. Sie kümmert sich zuverlässig um ihr liebstes Anliegen: uns perfekt für das Überleben auszustatten und eine möglichst erfolgreiche Vermehrung der Art zu sichern. Dazu versucht sie alles, damit Gene, die optimal zusammenpassen, auch zusammenkommen und sorgt dafür, dass sie sich zum richtigen Zeitpunkt treffen. Lange bevor wir Menschen Hightechgeräte für die Genanalytik entwickelt haben, hat die Natur unsere Nase damit ausgestattet: Wir können die Gene des Mitmenschen an seinem Körpergeruch „riechen".

Doch was macht der Mensch? Er reagiert völlig unentspannt auf körperliche Duftbotschaften. Jedes Haar, das als Duftverteiler dienen könnte, wird entfernt oder shampooniert, jedes Körperduftmolekül gnadenlos abgeduscht. Anschließend pfuscht er der Natur mit Fremdbeduftung ins Handwerk. Lieber riechen Männer nach Moschus, wie der gleichnamige Hirsch am Gemächt, oder nach dem Analbereich der Zibetkatze, als nach sich selbst.

Verlockende Botschaften
Im Schweiß verpackt sind vier Komponenten, die wir mit der Nase wahrnehmen können: der Schweißgeruch selbst, der Nahrungsgeruch (Fleischesser riechen anders als Vegetarier), der Individualgeruch und die Botschaften der Pheromone, Duftbotschaften, die jeder andere Mensch versteht und auf die er gleich reagiert.

Was der moderne Erfolgsmensch fürchtet, ist der typisch ranzig-fettige Schweißgeruch. Tatsächlich besitzen alle Menschen drei bis vier Millionen Schweißdrüsen, die jeden Tag bis zu zehn Liter Schweiß produzieren können. Eine individuelle Mixtur aus Salz, Ammoniak, Fetten, Zucker, Säuren und Duftstoffen. Der Mensch schwitzt, und der Schweiß sorgt durch Verdunstungskälte für Abkühlung. Das Missverständnis ist: Frischer Schweiß stinkt gar nicht. Der ranzige Cocktail stammt nämlich nicht von uns selbst, sondern wird erst durch unsere Mitbewohner, Bakterien und andere Mikroorganismen auf der Haut, erzeugt. Sie zersetzen die langkettigen Fettsäuren, die aus den Talgdrüsen stammen, zu kürzeren Ketten, wobei die schrecklich stinkende Buttersäure und die beißende Ameisensäure entstehen. Man kann auch vor Aufregung schwitzen oder weil man Angst hat. Dann wird die Schweißbildung durch Hormone gesteuert, die besonders die Talgdrüsen beeinflussen. Im Laufe unseres Lebens verändert sich unser Körpergeruch. Babys duften noch betörend süß, später ändern sich die Duftnoten und manch einer ist dann gut beraten, die Joggingschuhe auf dem Balkon auslüften zu lassen.

Die negative Bewertung des Schweißes wird durch unsere Erziehung geprägt. „Kind, wasch Dich mal, du stinkst", erzieht uns die Mutter. In der Vergangenheit gingen die Menschen oftmals entspannter mit Körpergerüchen um. Und – man soll es nicht verschweigen – manche Düfte können auch anziehend wirken. Sauberkeit wurde Ende des 18. Jahrhunderts deshalb sogar vermieden, denn man fürchtete, die körpereigene Verführungskraft zu verlieren. Legendär ist in dieser Beziehung die Bitte Napoleons, der nach monatelanger, berufsbedingter Abwesenheit von Zuhause seiner Josephine schon Tage vor seinem Eintreffen schrieb: „Wasche Dich nicht, ich komme". Biologisch durchaus sinnvoll, denn im Schweiß stecken viele chemische Botschaften für den Mitmenschen.

Der entscheidende Körperduft

Der Schweißgeruch ist, wie gesagt, nur eine Komponente unseres Körpergeruchs. Die andere ist der Eigengeruch, der wesentlich von unserem Immunsystem bestimmt wird. Jeder

Mensch ist also sein eigener Parfumeur: Er produziert ein individuelles Parfum, das von seinen Genen bestimmt wird. Dieser Individualgeruch macht den Menschen unverwechselbar, er ist sozusagen ein „olfaktorischer Fingerabdruck". Hunde erkennen uns sofort daran. Und auch die Stasi machte es sich zu DDR-Zeiten zunutze, dass jeder Mensch ganz individuell riecht. Sie sammelte Schweißproben von Untersuchungshäftlingen ein. Entweder bei Hausdurchsuchungen oder nach dem Sport wurden Strümpfe, Schuhe oder Wäsche konfisziert. Eine weitere Methode zeigt eindrucksvoll der Film „Das Leben der Anderen": Nach stundenlangen, schweißtreibenden Verhören von Häftlingen wanderten die Bezüge ihrer Sitzkissen in Einmachgläser, um sie vakuumverpackt zu konservieren und bei Bedarf den Spürhunden vorlegen zu können. So hatte man auch nach Entlassung eines Verdächtigen stets sogenannte „Vergleichsmaterialien" vorrätig und konnte ihn anhand von Duftspuren schnell identifizieren. Noch heute stehen im Museum tausende Duftproben in Regalen.

Warum betreibt die Natur solchen Aufwand mit den Individualgerüchen? Natürlich ausschließlich zur besseren Arterhaltung! Unbewusst reagieren nämlich Frauen auf die Informationen des Individualgeruchs, wenn sie einen Vater für ihre Kinder suchen. Der soll Gene mitbringen, die sich möglichst von ihren eigenen unterscheiden. Experimente mit T-Shirts von Männern haben gezeigt: Je mehr sich der Körperduft des Mannes von ihrem eigenen unterscheidet, desto attraktiver erscheint er ihnen. So sorgen Frauen für einen gut durchmischten Genpool, der den Nachwuchs mit einem stabileren Immunsystem und damit besserer Gesundheit ausstattet. Kein Wunder, dass in der duftfreien Welt der Internet-Partnerbörsen schon eine Genotypisierung angeboten wird – wenig romantisch, aber ähnlich effektiv. Auch interessant: Während der Schwangerschaft ändert sich die Geruchspräferenz einer Frau. Zur Aufzucht der Kinder verlässt sie sich eher auf Männer mit ähnlichem Körpergeruch, also die eigene

Familie. Auch die Empfindlichkeit gegenüber Düften ändert sich, vor allem in den ersten Schwangerschaftswochen. Oft können Frauen daher bestimmte Gerüche überhaupt nicht ertragen und es wird ihnen übel bei Kaffee-, Benzin- oder bestimmten Essensgerüchen.

Das beste Parfum für Frauen
Männer pfeifen auf den Genpool. Ihnen geht es weniger um die Qualität als um die Quantität des Nachwuchses. Welche Genausstattung die zukünftige Mutter mitbringt, interessiert sie kaum. Hauptsache, die eigenen Gene werden vererbt, dazu sollte man ihnen möglichst viele Gelegenheiten verschaffen.

Der Duft eines Parfums, mit dem der Mann positive Erinnerungen verbindet, kann allerdings die Anziehungskraft von Frauen steigern. Gibt es also einen Duft, der Frauen attraktiv macht? fragten sich Schweizer Forscher und fanden heraus: Ja, manche Frauen riechen für Männer besser als andere. Und nein, das liegt nicht am Shampoo oder am Parfum. Ihr Hormonstatus ist entscheidend. Die Zusammensetzung der Sexualhormone verändert sich im Laufe des Zyklus. Dabei riechen Frauen für Männer übereinstimmend interessanter, wenn sie an ihren fruchtbaren Tagen mehr Östrogen produzieren. Je mehr, desto attraktiver – so lässt sich das Ergebnis zusammenfassen. Was bedeutet: Männer können über die Nase sehr wohl Informationen über die potentielle Fruchtbarkeit einer Frau aufnehmen. Und ihre Kräfte und Säfte entsprechend gewinnbringend investieren.

Den erhöhten Sexappeal während ihrer fruchtbaren Tage kennen übrigens Striptease-Stars schon längst. Amerikanische Wissenschaftler untersuchten den Einfluss des weiblichen Zyklus auf die Verdienste der Tänzerinnen und fanden tatsächlich heraus: Sie bekamen an ihren fruchtbaren Tagen doppelt so viel Trinkgeld wie sonst. Endlich einmal eine wissenschaftliche Untersuchung, die alle Beteiligten begeisterte.

10

Angstschweiß und Babyduft

> Mit der Sprache von Pheromonen ist der Mensch eher zurückhaltend. Doch auch wir können Duftsignale senden und empfangen, die von anderen Menschen verstanden werden und bestimmte, immer gleiche Reaktionen auslösen. Ganz unbewusst und ohne dass wir sie steuern oder kontrollieren könnten. Ein etwas beunruhigender Gedanke.

> Um auf die Audio-Version dieses Kapitels zuzugreifen, klicken sie auf die Kurz-URL oder scannen Sie sie mit der Springer Nature More Media App:
>
> sn.pub/qm7rqz

Was die Botschaften der Pheromonkommunikation angeht, so muss man sagen: Der Mensch ist dafür nur noch suboptimal ausgestattet. Aber: Er besitzt doch noch etwa 10 Rezeptoren, die ihn sicher durch die wilde Mischung des alltäglichen Molekülcocktails leiten. Damit informiert uns die Nase über Angst, Stress, Aggression oder Zyklusstatus, löst Vertrauen oder Mitgefühl aus. Das Neugeborene erkennt die Mutter und findet blind zur Milchquelle, nämlich der Mutterbrust.

Wie Tiere produzieren wir offenbar Warnsignale, wenn wir Angst verspüren und angenehme Duftbotschaften bei Freude. Das hat eine amerikanische Psychologin herausgefunden, die Kinobesuchern Komödien und Horrorfilme zeigte. Die Besucher lieferten anschließend Schweißproben ab, die andere Versuchspersonen eindeutig als „Freude" oder „Angst" identifizierten. Ähnliche Experimente mit Hunden bestätigten dies. Für eine Hundenase ist es überhaupt kein Problem zu riechen, ob der Mensch in einem Sex-, Liebes- oder Kriegsfilm war.

Der Angstschweiß des Menschen ist unverkennbar und löst unbewusst bei allen Menschen gleiche Reaktionen aus: Man wird aufmerksamer, aktiver, aber auch etwas ängstlich und empathisch. Das haben Psychologen an der Uni Düsseldorf gezeigt. Leider ist weder der Duftstoff noch der Rezeptor dafür bekannt. Wenn Eltern sich liebevoll um ihren Nachwuchs kümmern, dann auch deshalb, weil Babys ihre Eltern mit ihrem Duft dazu animieren. Mütter erkennen an diesem Duft nicht nur problemlos ihre Babys, sondern schnuppern auch später noch den eigenen Nachwuchs aus einer Gruppe von Kindern heraus. Das klappt bis zum Alter von neun Jahren, dann beginnt die frühe Pubertät, den Körpergeruch zu verändern. Inzwischen konnte der Zauberduft der Babys auch im Labor identifiziert werden. Sein Name ist Hexadecanal. Und er hat noch einen Vorteil: Er reduziert gleichzeitig die menschliche Aggression.

Der Geruch von Neugeborenen kann das Gehirn ähnlich wirkungsvoll ansprechen wie Medikamente gegen Angst und Depression. Das haben schwedische Wissenschaftler herausgefunden und tüfteln nun intensiv an einem Nasenspray mit Babyduft, das als Anti-Depressivum genutzt werden könnte.

Der Geruch nach Vertrauen und Freundschaft

Umgekehrt senden Mütter offenbar Botschaften aus, die dem Baby signalisieren: Du darfst mir vertrauen, bei mir bist du sicher und gut aufgehoben. Und Frauen geben Männern unbewusst Hinweise auf die Zeit ihres Eisprungs. Sie riechen einfach attraktiver, so dass Männer sich – ebenso unbewusst – an die Eroberung machen.

Auch die Tränen einer Frau können männliches Verhalten steuern. Der Neurobiologe Noam Sobel beschreibt den Effekt in einer neuen Studie: Weibliche Tränen, so Sobel, führen bei Männern zu einem Abfall des Testosteronlevels und damit zu einer geringeren sexuellen Erregbarkeit.

Dass wir uns bei der Partnersuche auf die Nase und unsere Gene verlassen, ist schon länger bekannt. Ganz neue Erkenntnisse liefert nun ebenfalls das israelische Weizmann Institute of Science des Neurologen Sobel: Auch Freundschaften sind häufig im Körpergeruch begründet. Auf Freunde muss man sich verlassen können, oft sind sie unserer eigenen Persönlichkeit ähnlich und gleichen uns auch genetisch. Die Forscher haben den Körpergeruch von befreundeten Menschen untersucht und tatsächlich gefunden: Gute Freunde riechen sich ähnlich.

Wie wir unser Gegenüber einzuschätzen haben, versuchen wir unbewusst zu ergründen. Nach jedem Händeschütteln, so fanden die Forscher desselben Instituts heraus, führen wir deshalb unsere Hand in die Nähe der Nase und riechen daran. Auf diese Weise sammeln wir im Laufe des Tages Daten von den Körperdüften unserer Mitmenschen. Ähnlich wie bei Hunden informieren uns diese Düfte über den Gesundheitszustand und den emotionalen Zustand dieser Menschen. Vermutlich ist das auch der Grund, warum Menschen, die ihren Geruchssinn verloren haben, sich in ihren sozialen Beziehungen stark beeinträchtigt fühlen.

An der Ruhr-Universität in Bochum konnten wir für einen der Pheromonrezeptoren des Menschen sogar den aktivierenden Duft entschlüsseln: Hedion. Es ist ein Duftstoff, der im Jasmin vorkommt und beim Menschen ein chemisches Äquivalent haben muss. Kernspin-Untersuchungen zeigten, dass darauf immer die gleiche kleine Region im Hypothalamus mit erhöhter Gehirnaktivität reagiert, bei Frauen sogar zehn Mal mehr als bei Männern. Zusammen mit einem Verhaltensökonomen von der Universität Köln, untersuchten wir daraufhin das Verhalten von Menschen und fanden heraus: Wenn Hedion im Raum war, reagierten sie mit signifikant mehr Vertrauen bei Belohnungsspielen und mit mehr Misstrauen bei Bestrafungsspielen.

Eine andere Art Pheromonrezeptor erkennt Amine, Duftstoffe, die meist von Fäulnisbakterien gebildet werden und nach totem Fisch riechen. Mäuse benutzen sie, um kranke Tiere zu erkennen. Mäuseweibchen mit diesem Duft werden von Männchen gemieden. Auch Menschen haben noch einige Rezeptoren dieses Typs, wie wir zeigen konnten. Ob der faulig-fischige Amin-Gestank bei Entzündungen im Mund- und im Vaginalbereich die Fortpflanzungsaktivität mindert, wissen wir noch nicht, der Körperkontakt wird sicher nicht gefördert. Einen Blocker gegen diesen Geruch haben wir immerhin bereits gefunden und auch patentieren lassen: zur Reduzierung von „Schlecht-Gerüchen".

11

Diagnostik mit der Nase

Manche Krankheiten verraten sich durch charakteristische Gerüche. Sie lassen den Atem süßlich, den Schweiß sauer oder den Urin scharf riechen. Auch Krebszellen, Malaria oder Epilepsie verändern den Körpergeruch. Bisher können nur trainierte Tiernasen und spezielle Tests diese frühen Warnsignale des Körpers wahrnehmen.

Um auf die Audio-Version dieses Kapitels zuzugreifen, klicken sie auf die Kurz-URL oder scannen Sie sie mit der Springer Nature More Media App:

sn.pub/dwo3vv

Die moderne Labormedizin weiß alles. Sie kennt Blut- und Hormonwerte, kann Keime und Pilze bestimmen und sämtliche Organe prüfen. Doch manchmal reicht schon der Einsatz einer feinen Nase, um die ersten Krankheitssymptome zu erkennen. Sauer oder süßlich? Faulig oder frisch? Moschus, Äpfel oder Ammoniak? Bei bestimmten Krankheiten produziert der Körper Stoffwechselprodukte, die über den Schweiß, den Atem oder den Urin abgesondert werden und einen starken Eigengeruch aufweisen. Manche dieser Gerüche könnten als frühe Warnsignale hilfreich sein und womöglich bald sogar komplizierte Tests überflüssig machen.

Dass ein schlechter Mundgeruch auf Karies oder Parodontose hinweist, kann man sich leicht denken. In bis zu 90 % der Fälle liegt die Ursache für schlechten Atem im Mundbereich. Nicht so naheliegend ist es, dass ein süßlicher Atem auf eine Mandelentzündung schließen lässt. Die Bakterien, die die Entzündung hervorrufen, verursachen gleichzeitig die Bildung von Eiterpusteln. Die wiederum verströmen den süßlichen Duft. Riecht es zudem faulig, kann eine Lungenentzündung oder – auch das kam früher häufig vor – eine Diphterie vorliegen. Zum Glück ist die lebensgefährliche Diphterie dank der hohen Impfquote bei Kleinkindern bei uns inzwischen weitgehend ausgerottet. Umso häufiger begegnet man dem sauren Atem – hervorgerufen durch eine entzündete Magenschleimhaut, die übermäßig viel Magensäure produziert. Ursache können Bakterien, Tumore oder auch Stress sein.

Die beiden Erkrankungen, die am häufigsten Mundgeruch verursachen, sind Diabetes und Nierenleiden. Ein obstartiger Geruch (Apfel), manchmal auch der leichte Geruch nach acetonhaltigem Nagellackentferner ist typisch für den Diabetiker. Auch der Urin kann entsprechend nach Apfelsäure bzw. Aceton riechen. Der Stoffwechsel ist gestört: Der Körper hat nicht genug Insulin und wird mit Fettsäuren überschwemmt, es kommt zur Bildung von Apfelsäure.

Wenn der Schweiß nach Urin riecht
Nach Urin oder Ammoniak riechender Schweiß und Atem können auf eine Nierenschwäche oder sogar ein akutes

Nierenversagen hindeuten. Wenn die Niere nicht richtig arbeitet, scheidet der Körper Schadstoffe nicht über den Urin aus. So gelangt Harnstoff vermehrt in die Blutbahn und wird über die Haut ausgeschwitzt und über die Lunge ausgeatmet. Ein beißender Ammoniak-Geruch kann auch auf eine kranke Leber hindeuten.

Dagegen mutet eine Blasenentzündung, die den Urin streng und scharf riechen lässt, eher harmlos an. Viele Frauen wissen allerdings, wie schmerzhaft eine solche Bakterieninfektion sein kann. Riecht der Urin hingegen süßlich, kann eine Erbkrankheit vorliegen. Sie ist schon bei Neugeborenen erkennbar und heißt wie sie riecht: Ahornsirupkrankheit.

Nach Essig hingegen riecht, wer an einer Schilddrüsen-Unterfunktion leidet. Der Grund dafür ist der verlangsamte Stoffwechsel. Im Körper entstehen Säuren, die – oft nachts – ausgeschwitzt werden. Eine der häufigsten angeborenen Erbkrankheiten ist die Phenylketonurie. Dabei sammelt sich die Aminosäure Phenylalanin im Körper an und stört die geistige Entwicklung. Schweiß und Urin eines betroffenen Kindes verströmen einen moschusartigen Geruch. Doch nicht immer muss es so dramatisch zugehen: Schon ein grippaler Infekt mit Fieber kann den Körpergeruch erheblich verändern.

Auch in der Gerichtsmedizin sind typische Gerüche bekannt. Der typische Bittermandelgeruch einer Zyankali-Vergiftung ist noch beim Toten zu riechen, ebenso wie eine Vergiftung mit Arsen. Die allerdings riecht nach Knoblauch. Wenn der Verstorbene an Typhus gelitten hat, stellt der Untersuchende den Geruch von frisch gebackenem Brot fest.

Viele Krankheiten wären besser heilbar, wenn man sie frühzeitig entdecken würde. Verursachen womöglich auch Krebserkrankungen Gerüche, die man mit empfindlichen Nasen wahrnehmen könnte? Dieser Frage ging zuerst ein Forscherteam in Kalifornien nach. Sie trainierten Hunde darin, Krebspatienten anhand ihrer Atemproben zu erkennen. Nach kurzer Zeit erzielten die Hunde Trefferquoten, die fast so gut waren wie aufwendige Labortests. Inzwischen gilt es als sicher, dass Hunde Lungen-, Brust und Blasenkrebs anhand von Atem- und Urinproben feststellen können. Der Hundetrainer der israelischen Firma „Dogprognose" jedenfalls verspricht, dass sein Hund Timi in 95 % der Fälle richtig liegt. Auch an Max-Planck-Instituten wird versucht, Hundenasen zu imitieren und daraus Biosensoren zu entwickeln, die Tumorerkrankungen erkennen können. Sie könnten z. B. im Wartezimmer eines Arztes eingesetzt werden, um ihn frühzeitig zu informieren, wenn ein Patient mit einer Krebserkrankung dort sitzt.

Hunde und Ratten als Lebensretter
Genauso erspüren Hunde offenbar die olfaktorischen Veränderungen eines drohenden Anfalls bei Epileptikern. Patienten hatten schon lange berichtet, ihr Begleithund habe sie vor einem Anfall durch unruhiges Verhalten gewarnt. Bei einer wissenschaftlichen Untersuchung in Frankreich wurde diese Fähigkeit mit drei weiblichen und zwei männlichen Hunden unterschiedlicher Rassen getestet. Sie stammten von einem Ausbildungszentrum für Begleithunde und konnten schon Diabetes und einige Tumorarten erkennen. Von den Patienten wurden Geruchsproben mit Wattebäuschen entnommen, zusätzlich atmeten sie in eine Tüte. In einer Lernphase wurden den Hunden immer wieder die Proben der Epilepsiepatienten und auch gesunder Menschen präsentiert. Es bestätigte sich: Alle beteiligten Hunde identifizierten Epilepsiepatienten, die sie vorher nicht kannten. Die Forscher waren überrascht von der Genauigkeit der Ergebnisse, gaben aber auch zu, dass die Zahl der Versuchshunde sehr klein war. Inzwischen gelang es auch, Hunde zu trainieren, die Corona-Patienten erkennen. Die Hunde konnten Infizierte anhand von Speichel- und Atemwegssekret ermitteln. Mit 80prozentiger Sicherheit waren sie fast ebenso verlässlich wie ein herkömmlicher Schnelltest. Das gelang ihnen bei späteren Tests auch

mit Schweiß- und Urinproben. Neueste Studien unter der Leitung der Tierärztlichen Hochschule Hannover zeigen nun, dass Hunde sogar Long-Covid-Patienten erkennen. Die Proben stammten von Patienten der Medizinischen Hochschule Hannover, bei denen das Virus per PCR-Test gar nicht mehr nachweisbar war. Hier lag ihre Trefferquote sogar bei 90 %.

Am meisten verbreitet sind Diabetikerwarnhunde. Sie erkennen bei schwer Zuckerkranken erste Anzeichen eines Diabetischen Komas, so dass der Patient noch Zeit hat, sein Insulin zu nehmen. Die Diabetikerwarnhunde sind ausgebildete Assistenzhunde, die eine Schulung von 18 bis 24 Monaten durchlaufen. Sie können täglich Leben retten, Koma und Krampfanfälle verhindern. Hohe Blutzuckerwerte werden von guten Diabetikerwarnhunden bereits ab 170 mg/100 ml angezeigt. Auf diese Weise kann der Diabetiker rechtzeitig Kohlenhydrate zu sich nehmen bzw. Insulin spritzen, um einer Hypoglykämie bzw. Hyperglykämie entgegenzuwirken und auch die Gefahr von Folgeerkrankungen zu mindern. Der Diabetikerwarnhund warnt seinen Diabetiker, indem er ihn zum Beispiel anstupst oder die Pfote auflegt.

Wissenschaftler an der TU Braunschweig haben herausgefunden, dass auch Ratten mit ihren feinen Nasen hilfreich bei der Erkennung von Krankheiten sein können. So wird jetzt die afrikanische Riesenhamsterratte darin trainiert, Tuberkulose zu erkennen. In Afrika wird nur ca. die Hälfte der TBC-Fälle erkannt, denn die Diagnose ist teuer. Die so genannten „HeroRats", die von der Non-Profit Organisation APOPO eingesetzt werden, erzielen schon Trefferraten von 75 % und könnten damit eine Alternative zu herkömmlichen Tests darstellen.

Supernase entdeckt Parkinson

Einen Test zur Früherkennung von Alzheimer und Parkinson anhand von Düften gibt es bisher nicht. Man weiß nur, dass die Fähigkeit zu riechen bei einer beginnenden Alzheimerdemenz schon Jahre vor Ausbruch nachlässt. Oft treten auch plötzlich Gerüche auf, zum Beispiel nach frischem Brot, die gar nicht passen. Ein Neurologe aus Oregon berichtet, dass bei ihm selbst solche Phantosmien über Jahre auftraten und dann wieder verschwanden. Er war damals 55 Jahre alt und befürchtete, dass er an Parkinson erkranken könnte. Eine DNA-Analyse offenbarte dann aber, dass er ein rund zwölffach erhöhtes Alzheimerrisiko in sich trug.

Hinweise darauf, dass diese Krankheiten selbst bestimmte Gerüche erzeugen, gab es nicht. Auch keine Tiernase hatte welche gerochen. Bis eine Engländerin mit Supernase von sich reden machte: Joy Milne kann offenbar Parkinson riechen, noch bevor die ersten Symptome auftreten. Sie berichtet, ihr Ehemann Les habe schon zehn Jahre bevor die Krankheit bei ihm diagnostiziert wurde nach Moschus gerochen. Bei einem Treffen mit anderen Parkinsonpatienten entdeckte sie dann später: Alle diese Menschen rochen so. Joy wandte sich an einen Arzt der University of Edinburgh und berichtete von ihrer Vermutung. Der machte einen Test: Joy sollte an zwölf getragenen T-Shirts schnuppern, sechs von Parkinsonpatienten, sechs von Gesunden. Tatsächlich konnte Joy alle T-Shirts der erkrankten Personen identifizieren, zusätzlich noch eines der Freiwilligen. Wenig später wurde auch bei diesem bis dahin Gesunden Parkinson diagnostiziert. Jetzt arbeiten Wissenschaftler der Universitäten von Manchester und Edingburgh weiter mit Joy Milne zusammen. Erstes Forschungsergebnis: Der markante Geruch scheint mit Sebum, einem Hautsekret, zu tun zu haben. Sebum wird – wie auch andere molekularen Verbindungen – bei Menschen mit Parkinson verstärkt produziert. Nun suchen die Forscher nach den einzelnen chemischen Verbindungen, die den Geruch hervorrufen. Mit Joy Milne arbeiten sie weiter an der Diagnose von Alzheimer und Krebs und an einem Diagnosetest zur möglichen Erkennung von Tuberkulose.

12

Riechen mit Haut und Haaren

> Was lange unglaublich klang, beschäftigt immer mehr Wissenschaftler auf der ganzen Welt: Riechrezeptoren haben sich von der Nase über den gesamten Körper ausgebreitet. Sie wurden inzwischen in allen Geweben nachgewiesen: in der Haut, in den Haarwurzeln, im Darm, im Herzen und sogar in Spermien. Die stehen übrigens besonders auf „Maiglöckchenduft".

> Um auf die Audio-Version dieses Kapitels zuzugreifen, klicken sie auf die Kurz-URL oder scannen Sie sie mit der Springer Nature More Media App:
>
> sn.pub/862bl2

Die Nase bleibt unser liebstes und einziges Riechorgan. Riechrezeptoren existieren zwar im ganzen Körper, haben aber mit „Riechen" nichts zu tun, sondern übernehmen viele andere wichtige Aufgaben. Sie reagieren auf Duftstoffe, die über die Atmung, das Einreiben auf die Haut oder mit dem Essen in hohen Konzentrationen ins Blut gelangen und von dort im ganzen Körper bis ins Gehirn verteilt werden. Hinzu kommen die vielen Duftstoffe, die von Mikroorganismen auf und in unserem Körper produziert werden, wie auf der Haut oder im Darm. Schweiß- und „Pups"-Gerüche geben uns einen Eindruck davon.

Vor 15 Jahren konnten wir in unserem Labor an der Ruhr-Universität Bochum erstmals beweisen, dass Riechrezeptoren auch außerhalb der Nase vorkommen und tatsächlich sogar noch funktionsfähig sind. Dies war keine einfache Aufgabe, da ihre Entdecker – immerhin zwei Nobelpreisträger – vorher das Gegenteil behauptet hatten. Linda Buck und Richard Axel, die im Jahre 2004 den Medizin-Nobelpreis erhielten, hatten noch angenommen, dass Riechrezeptoren nur in der Nase vorkämen. Wir waren erfolgreich, als wir das Wunder menschlicher Fortpflanzung untersuchten und uns fragten: Wie orientieren sich Millionen winziger Spermien in der völligen Finsternis des weiblichen Körpers? Und finden so sicher ihr Ziel? Dabei entdeckten wir 15 verschiedene Riechrezeptoren, die wir von der Nase kannten, auch in den Spermien. Der erste davon reagierte auf synthetischen Maiglöckchenduft. Roch es nach „Maiglöckchen", kannten die Spermien nur eine Richtung: hin zur Duftquelle und zwar schnell. Dass wir dann die entsprechenden Duftstoffe tatsächlich im Vaginalsekret nachweisen konnten, war eine ziemlich aufregende Beobachtung, die viele Wissenschaftler weltweit zu weiteren Forschungen inspirierte. Vor allem, als es gelang, für einzelne dieser Riechrezeptoren einen blockierenden Duft zu finden und damit den Spermien sozusagen „die Nase zuzuhalten".

Empfängnisverhütung mit Antiduft – was für eine Möglichkeit! Genau wie Duftstoffe wie ein Schlüssel in das Schloss des Riechrezeptors passen, um ihn zu aktivieren, gelingt es nämlich den Antidüften mit demselben Schlüssel-Prinzip, das Schloss passgenau zu schließen. Bei Wissenschaftlern heißen solche Blockerstoffe Antagonisten. Würden sie auch bei den Riechrezeptoren der Nase funktionieren? Das erwarteten wir und konnten es tatsächlich eindrucksvoll erleben. Wir starteten ein Experiment und baten eine Reihe von Versuchspersonen in einen Raum voller Maiglöckchen-Duft, genauer gesagt, seiner chemischen Variante. Und siehe da: Als wir den Duftblocker in den Raum bliesen, war der Maiglöckchenduft plötzlich verschwunden. Keiner der Probanden konnte ihn mehr wahrnehmen. Womöglich können Duftblocker auch noch ganz andere Gerüche verschwinden lassen? Inzwischen gehen wir davon aus, dass jeder Riechrezeptor seinen eigenen Blockerduft hat – ein weites Forschungsfeld, das uns in vielen Situationen das Alltagsleben erleichtern könnte.

Haarwurzeln erkennen Sandelholzduft
Wir konzentrierten uns zunächst auf die Suche nach Riechrezeptoren im menschlichen Körper und untersuchten die Haut, weil unsere Hautzellen natürlicherweise oft in Kontakt mit Duftstoffen kommen. Beim Schälen einer Orange und beim Eincremen oder durch Düfte im Schweiß und solche, die vom Mikrobiom erzeugt werden. Dort entdeckten wir auf Anhieb über 20 verschiedene Riechrezeptoren. „Smell turns up in unexpected places", schrieb die New York Times in ihrem Bericht über unsere Forschungsergebnisse.

Einer der Riechrezeptoren, die wir inzwischen genauer untersucht haben, reagiert auf Sandalore, einen synthetischen Sandelholzduft: Hautzellen (Keratinozyten) vermehren und bewegen sich schneller, wenn sie mit Sandelholzduft in Kontakt kommen. Das gilt nicht für das natürliche Sandelholz, sondern nur für den synthetischen Duft Sandalore. Wunden heilen 40 % schneller und die Haut regeneriert besser – auch im Alter. Diese Erkenntnisse werden inzwischen auch therapeutisch angewendet, z. B. wenn nach Brandverletzungen größere Wundflächen versorgt werden müssen.

Auch in den Haarwurzelzellen konnten wir diesen Riechrezeptor finden. Eine klinische Studie mit Sandalore-Lotion, die über 12 Wochen lang auf die Haarwurzeln aufgetragen wurde, zeigte, dass dieser Duft die Lebensdauer der Haare um etwa 20 % verlängert. Endlich mehr volles Haar also. Inzwischen gibt es für Haut und Haar auch Präparate, die diese Erkenntnisse therapeutisch verwerten. Über die anderen Riechrezeptoren in der Haut wissen wir noch wenig, vor allem nicht, ob sie nicht sogar negative Wirkungen haben. Solange dies nicht erforscht ist, sollte man keine Parfums auf die Haut sprühen, lieber auf Haare und Kleidung.

Besonders verbreitet im menschlichen Körper scheint der Riechrezeptor mit Namen OR2W3 zu sein, der in mindestens 20 verschiedenen menschlichen Geweben vorkommt, unter anderem im Gehirn, in der Lunge, in der Schilddrüse und in den weißen Blutkörperchen. Leider ist noch kein aktivierender Duft für diesen Riechrezeptor bekannt. In verschiedenen Organen verstärken oder verhindern Riechrezeptoren das Zellwachstum, beeinflussen die Kommunikation zwischen den Zellen und offenbar auch die Produktion von Hormonen wie Serotonin. In der Bauchspeicheldrüse wird über die Serotonin-Produktion auch die Insulin-Bildung beeinflusst. Im Darm wirkt das Serotonin als Regulativ für die Darmperistaltik und die Sekretbildung, was Durchfall oder Verstopfung zur Folge haben kann.

Diese Beispiele zeigen die Bedeutung der Riechrezeptoren außerhalb der Nase auch im physiologischen Bereich. Sie sind aber nur die „Spitze des Eisberges". Leider kennen wir erst für 20 % der menschlichen Riechrezeptoren den aktivierenden Duft. Wir wissen zwar durch neue gentechnologische Fortschritte ganz genau, welche Riechrezeptoren in welchen Körperzellen vorkommen, aber solange wir den

Riechrezeptor nicht aktivieren können, können wir seine Wirkung nicht studieren. Dabei gibt es Gewebe im Körper, wie z. B. am Eingang des Muttermundes oder im Harnleiter, in denen Riechrezeptoren sogar in noch viel größerer Menge vorkommen als in den Riechzellen der Nase. Warum und wozu? Hier werden die nächsten Jahre noch viele aufregende neue Erkenntnisse bringen.

13

Düfte als Therapiehelfer

> Kräuter helfen bei Bauchweh oder Husten. Jetzt kennen wir auch den Grund: Im Darm und in anderen Organen arbeiten die gleichen Riechrezeptoren wie in der Nase. Einige davon reagieren auf Fette und sitzen in der Niere und im Herzen. Ein möglicher neuer Ansatz zur Regulierung des Blutdrucks.

> Um auf die Audio-Version dieses Kapitels zuzugreifen, klicken sie auf die Kurz-URL oder scannen Sie sie mit der Springer Nature More Media App:
>
> sn.pub/d4j82d

Manchmal wirken Duftstoffe nicht über das Riechen, sondern man muss die Düfte inhalieren, essen oder in die Haut einreiben. Viele Menschen leiden unter Bluthochdruck. Was keine besonders romantische Vorstellung ist: Unser Herzblut ist nicht allein von Leidenschaft geprägt, sondern auch von jeder Menge Blutfetten. Im Darm helfen Enzyme und Mikroorganismen, die Fette aus der Nahrung in unterschiedlich lange Fettsäuren zu zerlegen und sie als Energielieferanten über das Blut im ganzen Körper zu verteilen. Für Fettsäuren existieren in der Nase verschiedene Riechrezeptoren, womit wir Oliven-, Kokos oder Sonnenblumenöl am Geruch unterscheiden können. Die gleichen „Fett-Rezeptoren" haben wir in der Niere und nun auch im Herzen gefunden. In der Niere heißen sie die kurzkettigen Fettsäuren willkommen und sind – wenn auch nicht immer zu unserem Vorteil – an der Freisetzung des blutdrucksteigernden Hormons Renin beteiligt. Unsere Nahrungsaufnahme kann so den Blutdruck beeinflussen – mit Hilfe von Riechrezeptoren. Zerstört man bei der Maus diese Riechrezeptoren, kommt es zu permanent niedrigem Blutdruck. Könnte man also Bluthochdruck bekämpfen, indem man den Fettsäurerezeptor in der Niere blockiert? Denn aus der Nase wissen wir: Es gibt immer einen spezifischen aktivierenden, aber auch einen blockierenden Duft.

Die Riechrezeptoren des Herzens konnten wir an aus Hautzellen oder embryonalen Stammzellen gezüchteten menschlichen „Mini-Herzen", aber auch an Herzgewebe aus der Chirurgie nachweisen und zeigen, dass bestimmte Fettsäuren, in diesem Fall die mittelkettigen, sie aktivieren und dadurch der Herzschlag (Puls) verlangsamt und die Herzkraft reduziert wird. Sie haben also negative Wirkungen. Gerade bei Diabetikern fanden wir diese Sorte von Fettsäuren deutlich erhöht. Hier könnte der Einsatz eines Antiduftes gegen diesen Riechrezeptor hilfreich sein, wie wir experimentell zeigen konnten.

So ein Antiduft kann womöglich auch bei der Bekämpfung der Arteriosklerose helfen. Das fanden kürzlich amerikanische Forscher heraus. Sie konnten zeigen, dass in Zellen unseres Immunsystems (Makrophagen) ein Riechrezeptor existiert, der durch Octanal, einen Zitrusduft, aktiviert wird. Durch die Aktivierung dieses Rezeptors wird die Freisetzung von entzündungsfördernden Botenstoffen hervorgerufen, die wiederum zur Beschleunigung einer Arterienverkalkung führen. Auch dafür gibt es einen blockierenden Duft, nämlich das Zitral, das nach Lemongras riecht. Dieser Duftblocker könnte also tatsächlich ein neuartiger Therapieansatz bei der Behandlung der Arteriosklerose sein.

Kräuterdüfte für die Verdauung
Auch über die Atmung und das Essen nehmen wir ständig Duftstoffe auf, die mit dem Blut im ganzen Körper verteilt werden. Schon lange wissen Pflanzenkundler ebenso wie Kräuterlikör-Liebhaber, dass Gewürze Magen und Darm anregen, aber auch beruhigen können. Wir waren daher nicht überrascht, Riechrezeptoren für verschiedene Gewürzdüfte aus dem Kümmel (Carvon) oder aus der Nelke (Eugenol) in den Darmzellen zu finden. Ihre Aktivierung löst dort die Freisetzung von Botenstoffen aus, die die Darmperistaltik beschleunigen oder verlangsamen und damit unsere Verdauung steuern können. Ein Digestiv nach dem Essen – aus „medizinischen Gründen" zu empfehlen, wenn auch nicht auf Rezept. Die Darmflora stellt sogar viele eigene Duftstoffe her, wie an „Winden" und Exkrementen unschwer zu bemerken ist, deren Duft je nach Essen verschieden ausfällt.

Duftstoffe gegen Atemwegserkrankungen
Mit jedem Atemzug gelangen Duftstoffe in Kontakt mit Bronchien und Lungengewebe, zusätzlich ist die feuchte, warme Umgebung ein Eldorado für unterschiedliche duftproduzierende Bakterien. Kein Wunder, dass wir auch hier viele verschiedene Riechrezeptoren gefunden haben.

Zwei davon konnten wir näher untersuchen. Sie liegen in den glatten Muskelzellen, die sich wie ein Ring um die Bronchien schließen. Der Rezeptor OR2AG1 war besonders interessant, da seine Aktivierung durch den Duftstoff Amylbutyrat (riecht wie Birne und Aprikose) zu einer Erschlaffung der Bronchialmuskeln (und damit einer Erweiterung der Bronchien) führt und somit wieder mehr Luft in die Lunge gelangen kann. Bei Krankheiten wie Asthma, Allergien oder COPD (eine chronisch obstruktive Lungenerkrankung), bei denen die Bronchialmuskulatur sich verengt und der Luftweg reduziert ist, könnte durch Inhalation des Duftes wieder mehr Luft in die Lunge kommen, ähnlich wie mit der Gabe von Cortison. Bei Allergien führt oft die Histaminfreisetzung durch die Entzündung zu einer zusätzlichen Kontraktion der Muskeln, aber selbst diese kann durch den Duftstoff vollständig aufgehoben, Forscher sagen „overruled", werden.

Der zweite Duftrezeptor (OR1D2), den wir in den glatten Muskeln der Bronchien fanden, wird durch Cyclamal (riecht wie Maiglöckchen) aktiviert und verursacht genau das Gegenteil: eine Kontraktion der Muskeln und damit eine Verengung der Bronchien. Er verstärkt die Luftnot bei Patienten mit obstruktiven Lungenerkrankungen, Allergien oder Asthma. Dies zeigt, wie wichtig es wäre, alle olfaktorischen Rezeptoren und ihre Funktion zu kennen, um positive Wirkungen zu nutzen und negative zu vermeiden.

Dies betrifft auch unsere neuesten Forschungsergebnisse in Kooperation mit den Klinikum Bergmannsheil in Bochum, bei denen wir Immunzellen, so genannte Makrophagen, in den Atemwegen untersuchten. Diese Abwehr- und Fresszellen spielen bei Lungenpatienten mit Asthma, Allergien oder COPD eine Rolle. Im Lungenschleim sorgen sie dafür, die Bakterien, Viren und Umweltschadstoffe aus der Atemluft zu beseitigen. Gleichzeitig können sie aber auch zu Entzündungsprozessen bei Lungenerkrankungen wie COPD beitragen. Als wir diese Lungen-Makrophagen untersuchten, fanden wir eine Vielzahl von Rezeptoren.

Wir wählten zwei aus: den schon in Epithelzellen gefundenem Rezeptor OR2AT4 (Brahmanol) und OR1A2 (Citronellal). Von beiden kannten wir bereits den aktivierenden

Duft. Als wir die beiden Duftstoffe zu den durch Bronchoskopie gewonnenen isolierten menschlichen Makrophagen gaben, konnten wir zweierlei beobachten: einen starken Rückgang der Ausschüttung verschiedener Entzündung auslösender Stoffe und eine Reduktion der „Fress"-Eigenschaften der Makrophagen. Auch hier verspricht also eine Inhalation der Düfte ein hohes therapeutisches Potential.

In umfangreichen Studien untersuchten wir ebenfalls mit dem Klinikum Bergmannsheil in Bochum Lungenepithelzellen von Patienten mit chronisch entzündlichen obstruktiven Atemwegserkrankungen wie COPD, die Steroid (Cortison) resistent waren. Auch dort entdeckten wir einige olfaktorische Rezeptoren. Von zweien konnten wir den aktivierenden Duft entschlüsseln: OR2AT4 (Brahmanol) und ORJ2/3 (Zimtaldehyd). Bei Stimulation der Lungenzellen mit Zimtaldehyd wurde die Freisetzung von Entzündungsmediatoren reduziert, also Stoffen, die eine Entzündungsreaktion des Körpers einleiten oder aufrechterhalten. Die Teilungsrate der Zellen erhöhte sich und die Wundheilung wurde verbessert. Brahmanol hatte eine deutlich geringere Wirkung, erhöhte aber die Wundheilung signifikant. Gerade wenn Cortison nicht hilft, könnte der Einsatz von Zimtaldehyd wichtige therapeutische Wirkungen haben.

Insgesamt steht damit ein neuer pharmakologischer Werkzeugkasten zur Verfügung, der vor allem bei diesen Krankheiten, die nicht auf Cortison reagieren, sehr wertvoll sein kann. Da die betroffenen Zellen durch die Inhalation der Duftstoffe optimal erreicht und damit die Rezeptoren stimuliert werden können, ist eine Anwendung auch einfach und effektiv durchführbar.

14

Duftstoffe gegen Tumorzellen

> Duftrezeptoren existieren im ganzen Körper. Und sie spielen auch bei Krankheiten eine Rolle, sogar bei Krebserkrankungen. Denn auch Tumorzellen können „riechen". Manche wachsen langsamer, andere sterben sogar ab. Eine aufregende Entdeckung für künftige Therapien.

> Um auf die Audio-Version dieses Kapitels zuzugreifen, klicken sie auf die Kurz-URL oder scannen Sie sie mit der Springer Nature More Media App:
>
> sn.pub/r1wsrk

In den letzten Jahren haben wir an der Ruhr-Universität in Bochum und andere Labors weltweit viele wissenschaftliche Daten erhoben, die beweisen: Bei bisher allen untersuchten Tumoren ist die Zahl und das Muster der Riechrezeptoren im Vergleich zum gesunden Gewebe erheblich verändert. Jede Menge solcher Riechrezeptoren wurden im Gewebe von Prostata-Krebstumoren gefunden, bei Leber-, Lungen-, Blasen- und Darmkrebs als auch in Leukämie-Zellen. Werden diese Rezeptoren durch einen bestimmten Duftstoff aktiviert, kann das viele zellbiologische Wirkungen haben. Die Zellen können veranlasst werden, sich weniger zu teilen, zu bewegen oder auch früher abzusterben und in den programmierten Zelltod zu gehen. Krebszellen, die schneller sterben – ein Hoffnungsschimmer für Patienten? Zumindest ein neuer innovativer Therapieansatz.

Für einen Riechrezeptor, der in großen Mengen in Dickdarmkrebszellen vorkommt, konnten wir herausfinden, dass er durch einen Duftstoff aus der Ligusterblüte (Troenan) aktiviert wird. Um dessen Wirkung genau zu untersuchen, haben wir Gewebeproben von Tumorpatienten damit in Kontakt gebracht. Das Ergebnis war eindeutig: Die Krebszellen starben ab oder sie wuchsen langsamer. Auch die Migration der Zellen wurde stark reduziert, was die Bildung von Metastasen erschwert.

Ähnliches passierte beim Blasenkrebs: In Zellkulturstudien mit Krebsgewebe von Patienten wurde deutlich, dass hier stark vermehrt ein Riechrezeptor vorkommt, der auf Duftkomponenten aus dem natürlichen Sandelholzaroma reagiert. Hier ist also nicht das synthetische Sandalore gefragt, sondern der echte Sandelholzduft. Beim Kontakt mit diesen Duftstoffen teilten sich die Krebszellen seltener und waren nicht so beweglich. Interessanterweise gab es bereits vor über 100 Jahren Berichte, wonach man Sandelholz gegen Blasenkrebs eingesetzt hat. Beim Leberkrebs ist es übrigens der Zitrusduft, der eine solche Wirkung entfaltet. Und bei Leukämiezellen ein Früchteduft. Jetzt sind noch klinische Studien nötig, damit Patienten davon profitieren können.

Neue Ansätze für Diagnose und Behandlung

Auch zur Diagnose von Krankheiten können Riechrezeptoren hilfreich sein. Bereits vor einigen Jahren wurde bei Prostatakrebs der Riechrezeptor für „Veilchenduft" in solchen Mengen entdeckt, dass er als Tumormarker genutzt werden kann, um gesunde Prostatazellen von Krebszellen zu unterscheiden. Einen gewebsspezifischen Riechrezeptor gibt es bei Brustkrebs von Frauen.

Da er außerhalb der Nase nur in Mammakarzinomzellen vorkommt, kann man diese Krebszellen überall im Körper daran erkennen. Leider kennt man den aktivierenden Duft noch nicht, so dass eine mögliche Bedeutung für einen therapeutischen Einsatz nicht untersucht werden kann. Neue Studien fanden Riechrezeptoren sogar im Blut und im Urin und eröffnen damit ganz neue, schonende Optionen zur Frühdiagnose. „Liquid Biopsy" heißt das Verfahren. Auch den Sandelholzrezeptor konnten wir bei klinischen Studien im Urin von Blasenkrebspatienten in großer Menge nachweisen und die Krankheit damit frühzeitig diagnostizieren. Inzwischen gibt es erste Experimente mit Biosensoren in Toiletten, die auf Riechrezeptoren in Tumorzellen ansprechen und den Benutzer warnen, bevor er Symptome spürt.

Neue Forschungsergebnisse aus der Untersuchung von Gehirngewebe bei Patienten mit neurodegenerativen Erkrankungen wie Alzheimer oder Parkinson haben große Unterschiede im Vorkommen von Riechrezeptoren im Vergleich zu gesundem Gehirngewebe festgestellt. Eine aufregende Entdeckung, um solche Krankheiten zu erkennen, aber vielleicht auch neue Ansätze für die Therapie zu eröffnen. Schon lange ist bekannt, dass bei diesen Krankheiten eine Abnahme des Riechvermögens fast 10 Jahre vor dem ersten Symptom auftritt und deshalb Riechtests eine hilfreiche Frühdiagnose ermöglichen.

Das Potential der extranasalen Riechrezeptoren ist also noch lange nicht erforscht. Und wenn wir heute Pharmaka, Nahrungszusätze oder Kosmetika zur Heilung oder Verbesserung der Körperfunktionen einkaufen, werden es in 20 Jahren womöglich olfaktorische Wunderpillen sein, die als Duft-Imitatoren oder Riechrezeptorblocker therapeutischen Einsatz finden und für Gesundheit und mehr Wohlbefinden sorgen.

15

Wenn Düfte uns zu Kopfe steigen

> Über die Lunge, die Haut oder den Magen wandern Duftmoleküle ins Blut und gelangen so direkt bis ins Gehirn. Dort werden sie von speziellen Rezeptoren empfangen und entfalten ihre Wirkung: Sie machen uns müde oder wach und schützen vor Reiseübelkeit. Ganz ohne herkömmliche Medikamente.

> Um auf die Audio-Version dieses Kapitels zuzugreifen, klicken sie auf die Kurz-URL oder scannen Sie sie mit der Springer Nature More Media App:
>
> sn.pub/nuxep1

Düfte, die wir mit der Nase wahrnehmen, werden sehr subjektiv bewertet. Wir verbinden damit angenehme Erinnerungen oder auch unangenehme Erlebnisse. Und je intensiver die positive oder negative Emotion ist, desto stabiler ist auch die Abspeicherung. Was wir erleben, hat meist einen Geruch, auch wenn wir uns nicht bewusst an ihn erinnern. Wenn er wieder auftaucht, fällt uns auch das Erlebte wieder ein. So entstehen unbemerkt Duftvorlieben. Die Duftinformationen und die dabei erlebten Emotionen werden im Hippocampus, also im Gehirn, fest als Erinnerungen abgespeichert. Sie gelangen – anders als visuelle Eindrücke – über eine einzige Schaltstelle direkt in dieses Zentrum für Gefühl und Erinnerung. So kann ein Duft, je nachdem, in welcher Situation wir ihn kennengelernt haben, unterschiedliche Wirkungen bei jedem Menschen auslösen. Diese Wege der Duftwahrnehmung kennen wir schon länger.

Doch nun haben Wissenschaftler gezeigt, dass Düfte auch bei Menschen, die ihren Geruchssinn aufgrund einer Erkrankung oder eines Unfalls vollständig verloren haben, weiterhin Wirkungen zeigen können und dann sogar jedes Mal reproduzierbar die gleichen. Wie ist das möglich? Noch dazu ohne funktionsfähige Riechzellen in der Nase? Forscher konnten zeigen, dass Duftmoleküle, die wir einatmen, essen, trinken oder auf die Haut reiben, auch direkt in unser Blut gelangen und so in den ganzen Körper transportiert werden können. Auf diese Weise kommen sie mit allen Zellen unserer Körpergewebe in Kontakt – von der Peripherie bis zum Gehirn.

In der Außenmembran aller Zellen, vor allem aber der Nervenzellen, gibt es verschiedene Rezeptorproteine, z. B. Sensoren für Temperatur, pH-Wert, Druck, elektrisches Potential oder Hormone und Neurotransmitter. Gerade von den Neurotransmittern weiß man, dass sie durch verschiedene chemische Stoffe (Pharmaka) sehr stark in ihrer Funktion verändert werden können – entweder empfindlicher oder unempfindlicher werden.

GABA-Rezeptoren für entspannten Schlaf
Unsere Arbeiten zeigen, dass auch Duftstoffe, die über das Blut in unserem Körper verteilt werden, eine wichtige Rolle

als Modulatoren von Neurotransmitter-Rezeptoren spielen. Damit beeinflussen sie die physiologischen Funktionen und auch unser Verhalten. Im Gegensatz zu den subjektiven Wirkungen von Düften über die Nase und ihre Aktivierung von Gehirnarealen, sind die Effekte der Duftstoffe im Blut, rein pharmakologisch bedingt, reproduzierbar und bei jedem Menschen gleich.

Wir haben uns in den letzten Jahren vor allem mit dem sogenannten GABA-Rezeptor im menschlichen Gehirn beschäftigt. Sein Name stammt vom Neurotransmitter Gamma-Amino-Buttersäure, der ihn aktiviert. Er wird von Gehirnzellen hergestellt und immer dann freigesetzt, wenn die benachbarten Gehirnzellen in ihrer Aktivität gehemmt werden sollen, also z. B. in Ruhe, im entspannten Zustand oder im Schlaf. Der GABA-Rezeptor kann von verschiedenen chemischen Stoffen moduliert werden. Sie bewirken, dass der natürliche Neurotransmitter stärker wirkt, der Mensch also müder oder entspannter wird. Hierzu zählen alle klassischen Schlaf-, Beruhigungs- und Narkosemittel, wie Valium, Barbiturate, Propofol, aber auch Alkohol, die alle über das Blut ins Gehirn gelangen und dort eine schlaffördernde, beruhigende, angstlösende oder narkotisierende Wirkung haben. Wir konnten inzwischen mehr als 30 Duftstoffe identifizieren, die ebenfalls an die GABA-Rezeptoren andocken und so als Beruhigungs- oder Schlafmittel wirken. Duftkomponenten aus der Gardenienblüte (Vertacetal) oder aus dem Lavendel (Linalool) gehören dazu. Lavendelöle kann man sowohl als Kapseln einnehmen als auch inhalieren oder auf der Haut verreiben, um über den Blutweg die schlaffördernde Wirkung im Gehirn zu erzeugen. In manchen Fällen ist der Duftstoff sogar stärker wirksam als Valium, dem bekanntesten Schlafmittel, das ebenfalls über die Aktivierung von GABA-Rezeptoren wirkt.

Werden die GABA-Rezeptoren hingegen blockiert, wie z. B. durch Menthol aus der Minze, Cineol aus dem Eukalyptus oder Beta-Asaron aus der Kalmuspflanze, bleibt der Mensch wach und aktiv. Dies wussten im Übrigen schon die alten Ägypter. Sie setzten Kalmus im Räucherwerk der Tempel zur Belebung ein und kannten auch bereits die beruhigenden Düfte aus dem Weihrauch und verschiedenen Blütenpflanzen.

Tonic Water gegen Wadenkrämpfe
Interessant für Kreuzfahrer und andere Reisende, die unversehens in raue See geraten, oder für Menschen, denen beim Autofahren schlecht wird, ist die Wirkung von Duftstoffen, die den Neurotransmitter-Rezeptor für Serotonin im Gehirn beeinflussen. Der ist nämlich hauptsächlich für Reiseübelkeit und Seekrankheit zuständig. Statt der üblichen Pharmaka können ihn auch Duftstoffe aus der Lakritze oder aus Ingwer blockieren, das konnten wir in Experimenten beobachten. Lakritzbonbons oder Ingwerstäbchen, das wissen passionierte Kreuzfahrer, werden auf dem Schiff immer nach dem Essen angeboten und sind – gerade auch für Kinder – eine gute Alternative zu Pflastern oder müde machenden Pillen.

Auch der Acetylcholin-Rezeptor ist chemisch modulierbar. Er kommt vor allem auf unseren Muskeln vor und sorgt dafür, dass der Muskel mit einer Kontraktion reagiert, wenn der Neurotransmitter Acetylcholin aus den Nervenendigungen freigesetzt wird. Wir konnten vor kurzem zeigen, dass Chinin diesen Rezeptor blockieren kann. Chinin stammt aus der Chinarinde und kommt in hoher Konzentration auch in Tonic Water vor. Wer also abends so ein Wasser trinkt, kann die gerade im Alter zunehmenden nächtlichen Wadenkrämpfe reduzieren oder sogar ganz abstellen. Einreiben mit Lavendelöl verstärkt die Effekte noch zusätzlich.

16

Wenn die Nase blind wird

Man kann blind werden oder taub – das Nicht-mehr-riechen-Können hat keinen eigenen Namen. Weil es nicht so schlimm ist? Nasenblinde sehen das ganz anders. Sie leiden täglich unter ihrer Anosmie. Einen solchen Riechverlust zu erleiden, kann vielfältige Ursachen haben. Eine davon: eine Infektion mit dem Corona-Virus.

Um auf die Audio-Version dieses Kapitels zuzugreifen, klicken sie auf die Kurz-URL oder scannen Sie sie mit der Springer Nature More Media App:

sn.pub/p9g9dx

Wer den Geruchssinn verloren hat, vermisst viel: den Duft von Flieder im Frühling, vom Meer oder von frisch gemähten Wiesen, den Geruch des geliebten Menschen und den herrlichen Geschmack des Lieblingsessens oder Weins.

Denn wer nicht mehr riechen kann, schmeckt auch nichts mehr. Eine ganze Welt ohne Düfte. Auch ohne eigenen Körpergeruch, besser gesagt: ohne dass ich ihn wahrnehme. Vielleicht stinke ich? Oder habe Mundgeruch? Manche Nasenblinde waschen sich mehrmals täglich oder benutzen Überdosen von Parfum, weil die Nase sie nicht mehr warnen kann. Nicht vor Schweißgeruch, nicht vor verdorbenem Essen und auch nicht, wenn die Milch überkocht. Nicht selten geht ein verlorener Geruchssinn mit einem reduzierten Sozialleben einher, manche Betroffene leiden sogar unter Depressionen.

Der Verlust des Geruchssinns heißt Anosmie. Seit Beginn der Corona-Pandemie beklagen sehr viele Menschen Störungen oder gar den Verlust des Riechvermögens. Nach einer Online-Befragung erleben 70–80 % der Erkrankten eine temporäre Einschränkung, etwa zwei Fünftel können auch nach zwei bis drei Monaten noch nicht wieder richtig riechen. „Die ersten Wochen waren die schlimmsten", sagt eine Betroffene. „Da habe ich gar nichts gerochen und geriet richtig in Panik, dass es sich nie mehr bessert." Für manche riecht der gleiche Kohl, die gleiche Salatsauce jeden Tag verschieden, für andere riecht Kaffee plötzlich wie Benzin.

Die Ursache sehen Forscher darin, dass die Stützzellen, die für den Schutz und die Versorgung der Riechsinneszellen zuständig sind, durch das Corona-Virus geschädigt werden. Die Stützzellen tragen an der Oberfläche ein Protein namens ACE2. Diese Proteine sind willkommene Andockstationen für die viruseigenen Spike-Proteine. Auf diesem Wege können die Viren in die Stützzelle eindringen und sie schädigen. Dies wiederum führt dazu, dass man nichts oder gestört riecht.

Das Gehirn kann plötzlich die gelernten Duftmuster nicht mehr richtig zusammensetzen. Unsere 400 Riechrezeptoren, jeder zuständig für einen bestimmten Geruch, können wir uns als Duftalphabet vorstellen. Die meisten Düfte, wie zum Beispiel Rose oder Narzisse, setzen sich aus einer Mischung von vielen verschiedenen Duftmolekülen zusammen. Entsprechend werden viele unterschiedliche Riechzelltypen zur gleichen Zeit aktiviert und lassen im Gehirn das „Rose-Muster" oder das „Narzissen-Muster" entstehen. Fallen einige Duft-Buchstaben weg oder werden plötzlich durch andere ersetzt, entsteht ein neues Muster – oder eben gar keins mehr.

Jeden Monat frische Riechzellen
Die Anosmie ist nur ganz selten angeboren und kaum bei jungen Menschen anzutreffen. Dann meist, weil Hindernisse in der Nase die Duftmoleküle auf ihrem Weg zu den Riechzellen blockieren. Das können Polypen oder durch Allergie bedingten Schwellungen sein, aber auch eine Krümmung der Nasenscheidewand. Man kann sich unsere Nase wie einen Turm vorstellen, durch den die Luft von unten nach oben strömt. In der obersten Etage gibt es ein Turmzimmer mit 30 Mio. Riechzellen, zu dem die Tür nur einen Spalt weit offen steht. Aus der Atemluft kann also nur eine kleine Probe entnommen und über die Riechzellen geleitet werden. Jede Schwellung oder Krümmung führt dazu, dass die Atemluft komplett an der Riechschleimhaut vorbei geleitet wird.

Das kennt jeder von einer Erkältung: Wenn der Schnupfen mit seinen Adenoviren zuschlägt, dann ist alles dicht. Kein Geruch dringt durch den zähen Schleim, das leckerste Essen ist vollkommen geschmacklos. Meist klingen die Beschwerden schnell wieder ab. Auch chemische Stoffe oder Medikamente (manche Antibiotika, fast alle Zytostatika) können die Nase vorübergehend ausschalten. Nach Absetzen der Therapie kommt das Riechen normalerweise vollständig zurück.

Bekannt ist, dass auch Raucher ein signifikant schlechteres Riechvermögen haben, weil Tabakrauchtoxine die Riechzellen schädigen. Zum Glück normalisiert sich der Geruchssinn innerhalb weniger Monate, wenn man sich entschließt, mit dem Rauchen aufzuhören.

Diese wundersame Heilung findet statt, weil es unterhalb unserer Riechzellen eine Schicht von Stammzellen gibt, die beim Menschen regelmäßig und lebenslang alle ca. 4–6 Wochen die gesamten Riechzellen komplett erneuern. Dank dieser Stammzellen kehrt das Riechvermögen auch nach einer Schädigung oder einem Schnupfen zurück. Dieser Prozess kann sich allerdings bis zu einem Jahr und länger hinziehen, bis es zu einer vollständigen Erneuerung durch die Stammzellen gekommen ist. Da die Stammzellen nicht nur Riechsinneszellen, sondern auch Stützzellen erneuern können, kehrt auch das Riechvermögen bei den meisten Corona-Patienten wieder vollständig zurück. Allerdings kann es auch bei diesen Patienten einige Monate oder ein Jahr dauern. Das hat jetzt ein Team aus HNO-Ärztinnen in Strasburg herausgefunden. Sie testeten eine Gruppe von Patientinnen und Patienten über zwölf Monate. Ihre Tests ergaben, dass jüngere Patienten und Frauen schneller wieder gesund wurden. Zur Heilung kann auch ein regelmäßiges Riechtraining beitragen, das man mit verschiedenen Duftölen oder Gewürzen selbst durchführen kann.

Wenn Orangensaft wie Benzin riecht
Gelingt es jedoch den verschiedenen Viren, auch die Stammzellen zu befallen und abzutöten, dann gibt es keine Chance auf eine Erneuerung und bis heute keine therapeutische Möglichkeit, diesen Menschen zu helfen. Inzwischen wissen wir, dass bei etwa zehn Prozent der schweren Erkältungen das Riechvermögen nicht zurückkehrt. Auch eine chronische Entzündung der Nasennebenhöhlen kann zu einem kompletten Riechverlust führen.

Früher trat eine Geruchsblindheit häufig nach Autounfällen auf. Wenn der Kopf gegen die Windschutzscheibe prallte, zerriss die Verbindung der Riechzellen zum Gehirn. Dank des Airbags sind solche Unfälle sehr selten geworden. Doch auch bei Sturzverletzungen mit Schädelhirntrauma oder einem harten Aufschlag auf den Hinterkopf kann die Verbindung zwischen Nase und Gehirn zerstört werden oder das Riechzentrum Schaden nehmen.

Während manche Menschen also nichts mehr riechen, leiden einige unter einer stark erhöhten Empfindlichkeit sogar Überempfindlichkeit gegenüber Duftstoffen (Hyperosmie). Die Intensität der Düfte macht ihnen genauso zu schaffen wie anderen die Unempfindlichkeit. Daneben gibt es Störungen in der Geruchsverarbeitung im Gehirn, die zu einer komplett veränderten Wahrnehmung von Duftreizen führen. Dann riecht Orangensaft plötzlich nach Benzin oder Lösungsmittel – ein Phänomen, das Experten Parosmie nennen. Vor allem die ständige Wahrnehmung von schlechten, üblen Gerüchen, die so genannte Kakosmie, stellt für Menschen eine enorme Belastung der Lebensqualität dar. Selbst die Wahrnehmung von Gerüchen, ohne dass überhaupt Duftmoleküle vorhanden waren, also ohne Geruchsreiz (Phantosmie) kommt vor. Sie geht häufig mit einer psychiatrischen Erkrankung einher.

Auch die Nase altert
Die Verarbeitungszentren von Duftinformationen im Gehirn können ebenfalls in Mitleidenschaft gezogen werden.

So sind alle neurodegenerativen Erkrankungen wie Alzheimer, ALS und Parkinson im Endstadium fast immer mit einem kompletten Riechverlust verbunden.

Bei Parkinson kann man ein reduziertes Riechvermögen bereits zehn Jahre vor anderen Krankheitssymptomen messen und damit den Riechtest als frühen diagnostischen Marker für diese schwere Erkrankung benutzen. Das bedeutet aber keineswegs, dass jeder, der mit zunehmendem Alter schlechter riechen kann, automatisch an Parkinson leidet. Umgekehrt gilt jedoch: Wer im Alter immer noch gut riechen kann, braucht sich keine Sorgen zu machen, dass er eine neurodegenerative Erkrankung hat.

Die häufigste Ursache für eine Geruchsblindheit ist nämlich das Alter. Etwa ab dem 60. Lebensjahr sind wir alle nicht verwundert, wenn wir eine Brille benötigen oder ein Hörgerät, aber dass auch das Riechvermögen schlechter wird, daran denken nur wenige. Wissenschaftliche Analysen haben gezeigt, dass etwa 5 % der Bevölkerung an einer nahezu kompletten Geruchsblindheit leiden und knapp 20 % von einem reduzierten Riechsinn (Hyposmie) betroffen sind. Bei den über Achtzigjährigen hat sogar fast jeder zweite sein Riechvermögen nahezu vollständig eingebüßt. Ursache dafür ist die nachlassende Kapazität der Stammzellen, neue Riechzellen zu bilden. Doch diesem Prozess sind wir nicht hilflos ausgeliefert. Wer frühzeitig mit dem richtigen Training beginnt, kann sein Riechvermögen nicht nur verbessern, sondern auch länger erhalten und gleichzeitig „Gehirnjogging" machen – mehr dazu im Kap. 27.

# 17

Von Stinkfrüchten und Schimmelkäse

> Warum lieben wir bestimmte Düfte und finden andere eklig? Das liegt an unserer Erziehung, aber auch an persönlichen Erinnerungen und kulturellen Vorlieben. Europäer lieben Vanille und finden, dass Trockenfisch stinkt. Asiaten dagegen schätzen den Duft von Fisch und rümpfen die Nase, wenn sie Europäer treffen.

> Um auf die Audio-Version dieses Kapitels zuzugreifen, klicken sie auf die Kurz-URL oder scannen Sie sie mit der Springer Nature More Media App:
>
> sn.pub/p2bchu

An manche Düfte haben wir uns gewöhnt, andere überfallen uns aus heiterem Himmel. Über den direkten Draht, den Düfte ins Gehirn nehmen, können sie blitzschnell Erinnerungen wachrufen. Wohlige Nostalgie oder spontaner Ekel – das entscheidet nicht der langsame Verstand, sondern die schnelle Emotion. Der Schriftsteller Marcel Proust empfand plötzliche Glücksgefühle beim Geruch von Madeleine-Kuchen, die ihn an sorglose Kindertage erinnerten, während den meisten Franzosen Madeleines wahrscheinlich an der Nase vorbeigehen. Derselbe Geruch wirkt auf verschiedene Menschen ganz unterschiedlich, je nachdem, was sie mit ihm verbinden. Während manch einer mit Freuden sein Auto betankt, weil der Benzingeruch bei ihm Bilder von sommerlichen Urlaubsfahrten wachruft, schildern Vietnam-Veteranen das Gegenteil: Sie mussten während des Krieges Leichen mit Benzin übergießen und verbrennen. Bis heute können sie nicht tanken, ohne dass Übelkeit und spontane Panik sie überfallen.

Neben persönlichen Dufterinnerungen spielen auch die Düfte unserer Kultur eine Rolle, weil Menschen eines Kulturkreises ähnliche Erfahrungen sammeln. Wenn schon die Muttermilch und der Babypuder nach Vanille riechen, ist es kein Wunder, dass wir später alles wohlig, weich und lecker finden, das nach Vanille duftet. Und es ist auch keine Überraschung, dass Vanilleeis die liebste Eissorte der Deutschen ist.

Ob jemand eine Stinkfrucht schlimmer findet als einen Schimmelkäse, sagt viel über seine Herkunft. Als sein Freund aus Tokio zu Besuch kam, habe der erstmal den Kühlschrank sauber gemacht und den eklig stinkenden, blauen Käse weggeworfen, erzählt ein Student aus Deutschland. „Um mich vor dem sicheren Tod zu bewahren". Für ein Dschungelcamp mit Asiaten müssten sich die Produzenten ganz neue Ekel-Prüfungen ausdenken. Nach einer Stunde Fitnesstraining mit einem Europäer im Fahrstuhl eingesperrt zu werden, zum Beispiel. Mit einem „Butterstinker" – ein wahrer Albtraum! Asiaten rümpfen über uns schnell die Nase, weil sie viel weniger Schweißdrüsen und kaum Körperbehaarung besitzen, daher auch einen geringeren Körperduft verbreiten.

17 Von Stinkfrüchten und Schimmelkäse

Familienduft verbindet
So können Düfte Menschen und Kulturen trennen, aber auch verbinden. Wie der Familiengeruch. Verschiedene wissenschaftliche Versuche mit Zwillingen, Geschwistern und deren Eltern legen nahe, dass die gemeinsamen Gene tatsächlich für einen ähnlichen Körpergeruch sorgen. Solche Versuche werden meist mithilfe von T-Shirts durchgeführt, die die Versuchspersonen einige Nächte tragen. Damit wurden Duftproben eingesammelt, an denen die Probanden anschließend schnüffelten. Das Ergebnis war: Familienmitglieder konnten sich gegenseitig am Körpergeruch identifizieren und sie fanden diesen Geruch auch angenehmer als den von fremden Personen. Der Körpergeruch von eineiigen Zwillingen ähnelt sich so stark, dass selbst ausgebildete Spürhunde ihn kaum unterscheiden können.

Der Duft der großen, weiten Welt ist weniger beliebt als man annehmen könnte. Im Gegenteil: Die meisten Menschen bevorzugen vertraute Gerüche. Zu Weihnachten soll es bitte nach Kiefernzweigen und Zimtgebäck riechen, in der Kirche vermittelt göttlicher Weihrauchduft ein wohliges Gefühl von Geborgenheit und emotionaler Zugehörigkeit. Auch weiß jeder, dass Tod und Teufel nach Schwefel stinken und die stark duftenden Lilien und Chrysanthemen typische Friedhofsblumen sind. Kollektive Duftvorlieben kommen oft auch aus der Küche. Ein Türke liebt den Döner-Dunst, der Italiener Pasta- und Pizzadüfte und der Koreaner Kimchi in jeder säuerlichen Variante. Manch einer riecht nach Knoblauch, was bei uns ähnlich gut ankommt wie der Gestank nach Kuhfladen. Der erinnert uns an einen ärmlichen Bauernhof mit defekter Waschmaschine. Nicht so in Afrika. Dort wird der Geruch nach Kuhmist mit Macht und Ansehen in Verbindung gebracht: Wer am meisten danach stinkt, hat die größte Rinderzucht.

Weltweit beliebt: Orangen
Auch Frische und Sauberkeit haben ganz unterschiedliche Duftnoten. In Deutschland muss ein Putzmittel nach Zitrone riechen, damit die Hausfrau es ruhigen Gewissens benutzt. Die Spanierin vertraut allein dem Chlorgeruch, während in Russland Fliederduft für die sauberste Sache der Welt gehalten wird. All dies sind Dufterinnerungen aus der Kindheit, die uns zeitlebens prägen. Wir nehmen sie aus unserer Umgebung und aus unseren Städten mit.

Der Geruch der Pariser U-Bahn ist dabei genauso charakteristisch wie der berühmte DDR-Mix aus Braunkohle und Desinfektionsmitteln, der nostalgische Gefühle wecken könnte, würde er nicht mit unangenehmen Erinnerungen einhergehen.

Olfaktorische Stadt- und Landspaziergänge sind inzwischen in aller Welt beliebt. In Berlin darf man sich dabei an Lindenblüten freuen, in Singapur riecht es nach scharfen Gewürzen und in Marseille nach Diesel und Pfefferminz. In Bayern verbreiten blühende Kastanien den Geruch von Sperma und der „Smell Walk" von New York führt durch Schwaden von „Giftgas" mit Knoblauch, ähnlich unseren Flussauen, wenn im Frühling der Bärlauch blüht.

Es gibt nur sehr wenige Düfte, die in allen Kulturen als angenehm oder unangenehm empfunden werden. Weltweit einig sind sich die Menschen darüber, dass Isovaleriansäure absolut eklig stinkt. Sie erinnert an den Geruch von Käsefüßen. Kein Wunder, denn die Isovaleriansäure kommt tatsächlich auch in stinkendem Käse wie Harzer und Romadur vor. Sowohl Käse als auch Füße aktivieren den gleichen Rezeptor. Beliebt ist dagegen nicht nur der Aromastoff Vanillin, sondern auch fruchtige Düfte, wie Pfirsich, Ananas, Orange oder Grüner Tee. Die Orange steht für Wohlgeschmack, Süße und Frische. Bei anderen Lebensmitteln hilft die Industrie nach. Lebensmittelchemiker wissen:

17 Von Stinkfrüchten und Schimmelkäse

Fertigsuppen und Puddingpulver müssen in Asien anders schmecken als in Europa oder den USA. Auch Tabakblätter werden nach regionalen Vorlieben parfümiert: In den USA sollen Zigaretten eher nach Popcorn und Barbecue riechen, während der europäische Raucher den Geruch von Früchten und Kaminholz bevorzugt. Das erklärt, warum Duft-Designer in allen großen Firmen gefragte Mitarbeiter sind.

18

Schneller schlank mit Bitterstoffen

> Rosenkohl und Chicorée sind nicht die beliebtesten Gemüsesorten, denn sie schmecken verdammt bitter. Doch Bitterstoffe sind gesund. Sie stärken das Immunsystem, kurbeln die Fettverbrennung an und können Übergewicht und Diabetes vorbeugen. Dabei schmeckt jeder Mensch anders: Wie intensiv wir Bitteres wahrnehmen, ist durch unsere Gene festgelegt.

> Um auf die Audio-Version dieses Kapitels zuzugreifen, klicken sie auf die Kurz-URL oder scannen Sie sie mit der Springer Nature More Media App:
>
> sn.pub/ej5jyu

Es ist eine bittere Wahrheit: Was gut schmeckt, ist nicht immer gesund. Das war von der Natur anders geplant, die nicht damit gerechnet hatte, dass es Essen im Überfluss geben könnte. Die Idee der Evolution: Süßes liefert viel Energie, die der Mensch für Leben und Wachstum braucht, Bitteres soll gemieden werden und zeigt oft sogar giftige Substanzen an, damit Menschen und Tiere es meiden und nicht schlucken. Pflanzen vertreiben damit ihre Fressfeinde und sichern so ihr Überleben. Auf Menschen wirken Alkaloide wie Nikotin, das Atropin aus der Tollkirsche oder gar Strychnin, das in der Natur in der Brechnuss vorkommt, schädlich oder sogar tödlich. Auch Solanin, das in grünen Kartoffeln vorkommt, kann Übelkeit und Erbrechen hervorrufen.

Unsere Geschmackssinneszellen reagieren auf Bitteres tausendmal empfindlicher als auf Süßes, Salziges oder Saures, um uns vor den Gefahren dieser Gifte zu warnen. Die Abneigung gegen Bitteres ist genetisch vorbestimmt und angeboren. Schon Neugeborene verziehen angeekelt das Gesicht und spucken Bitteres sofort wieder aus. Auch ältere Kinder lassen sich nur selten überzeugen, bitter schmeckendes Gemüse zu probieren. Erst im Laufe des Lebens lernen wir die Vorzüge von Bitterstoffen zu schätzen.

Bitteres vertreibt Sucht auf Süßes
Seit Jahrtausenden werden bittere Früchte und Wurzeln gegen allerhand Übel und Beschwerden genutzt. Schon Hippokrates und auch Paracelsus berichteten von den heilsamen Kräften der Bitterstoffe. Die berühmte Äbtissin Hildegard von Bingen pflanzte bittere Kräuter im Klostergarten an und schrieb an die zweitausend Rezepte auf, wie diese Kräuter heilbringend einzusetzen seien. Seit 1846 existiert ein Geheimrezept zur Herstellung von „Underberg", des beliebtesten aller Verdauungsschnäpse, der angeblich Kräuter aus 43 Ländern enthalten soll. Die wohltuende Wirkung, die Bitterstoffe auf Magen, Leber, Galle und Bauchspeicheldrüse haben, lässt sich mit der Entdeckung von Riechrezeptoren in diesen Organen nun auch wissenschaftlich belegen. Sie beugen Gallensteinen vor, helfen gegen Bakterien und Viren, bekämpfen die Übersäue-

rung des Körpers, wirken antioxidativ und sind nebenbei die reinsten Fatburner, also für jede Diät zu empfehlen. Sie leiten nämlich das Fett aus der Nahrung direkt zur Verbrennung weiter – ohne Zwischenlagerung an Bauch oder Hüfte. Außerdem machen bittere Lebensmittel schneller satt, schließlich will die Natur uns vor allzu viel Bitterem schützen. Die Ayurveda-Lehre preist Bitterstoffe, weil sie gegen die Sucht auf Süßes wirksam sind. Was Zucker im Körper anrichtet, weiß schließlich jeder, der einmal einem Ernährungsberater zugehört hat. Weniger Zucker hilft nicht nur gegen Diabetes und Reizdarm, sondern fördert auch die Zahngesundheit, denn es entstehen weniger Karies und Zahnfleischentzündungen. Kein Wunder, dass es inzwischen jede Menge Nahrungsergänzungsmittel gibt, deren Produzenten die Vorzüge von natürlichen Bitterstoffen preisen und sie gern teuer verkaufen.

Superschmecker sind früher satt
Preiswerter ist es, entsprechende Gemüsesorten beim Kochen zu berücksichtigen. Viele Bitterstoffe sind in Brokkoli und Kohl, Auberginen, Oliven oder Radicchio enthalten. Nicht zu vergessen: die Artischocke, die mit ihrem Bitterstoff Cynarin die Produktion der Gallensäure beeinflusst und den Cholesterinspiegel senkt. Wer noch mehr für seine Figur und Gesundheit tun möchte, ergänzt die Mahlzeit mit Ingwer, Basilikum, Majoran, Oregano oder Rosmarin – allesamt voll bitter! Salate lassen sich gut mit Rucola, Endivien oder Löwenzahn aus dem eigenen Garten ergänzen. Der ist echt bitter und kann notfalls auch kurz blanchiert werden, um einige Bitterstoffe vor dem Essen herauszulösen. Der allerbitterste Naturstoff kommt in der Wurzel des gelben Enzians vor und heißt Amarogentin. Seine heilende Wirkung kannte schon Hildegard von Bingen. Ein Schnapsglas davon reicht, um das Wasser von 6000 Badewannen bitter schmecken zu lassen.

Ob uns ein Gericht schmeckt oder ob wir Brokkoli und Kohl partout nicht mögen, hängt auch davon ab, wie intensiv wir die bitteren Anteile des Essens wahrnehmen. Zwar hat jeder Mensch die gleichen 25 Rezeptoren für verschiedene Bitterstoffe, aber jeder der Rezeptoren weist auch kleine, vererbte Unterschiede auf. Sie entscheiden darüber, ob wir ein Superschmecker, ein Normalschmecker oder ein Nichtschmecker sind. Aber auch, ob wir bestimmte Kohlsorten besonders mögen oder nicht. So gibt es ganze Familien, die lieber Brokkoli als Grünkohl essen. Diese Vorlieben sind nachweislich nicht anerzogen, sondern angeboren. Außerdem gibt es Menschen, die gar keinen bitteren Geschmack wahrnehmen. Sie sind diättechnisch benachteiligt, denn sie müssen mehr essen als andere bis ihr Sättigungszentrum reagiert. Am besten dran sind die Superschmecker, etwa ein Viertel der Bevölkerung. Sie sind früher satt und wiegen auch im Durchschnitt etwa 20 % weniger als Menschen, die für Bitterstoffe unempfindlich sind. Dass Bitterstoffe gut für die Figur sind, bewies eine andere Untersuchung mit 500 übergewichtigen Frauen und Männern. Sie sollten normal weiteressen, dazu aber drei Monate lang ein bitterstoffreiches Konzentrat aus Wildkräutern zu sich nehmen. Das Ergebnis: Die Teilnehmer nahmen durchschnittlich vier Kilo ab – offenbar, weil sie durch die Bitterstoffe früher satt waren.

Einmal mehr erweist sich der biologische Gemüseanbau mit vielen naturbelassenen Sorten als Vorteil gegenüber der modernen Lebensmittelindustrie. Sie sieht den Bittergeschmack als Störfaktor für den Verkauf und hat ihn deshalb aus vielen Gemüsesorten herausgezüchtet, um das Gemüse für den Durchschnittsverbraucher schmackhafter zu machen. Ein bitterer Verlust!

19

Der Duft von Weihnachten

> Alle Jahre wieder verführt uns der Duft von Plätzchen, Lebkuchen und gebrannten Mandeln. Ärzte warnen vor allzu viel Zucker, doch die Gewürze selbst sind alte Heilmittel: Zimt und Anis, Kardamom und Ingwer bekämpfen erfolgreich Infektionen und Schmerzen.

> Um auf die Audio-Version dieses Kapitels zuzugreifen, klicken sie auf die Kurz-URL oder scannen Sie sie mit der Springer Nature More Media App:
>
> sn.pub/ljh2v2

Die Heiligen Drei Könige kamen noch mit Weihrauch und Myrrhe. Kostbare, heilige Düfte, von Zucker keine Spur. Heute ist die Weihnachtszeit zweifellos ein Angriff auf die schlanke Linie und den gesunden Cholesterinwert. Und daran ist die Nase nicht ganz unschuldig. Denn beim

Spaziergang über den Weihnachtsmarkt, wenn uns die Düfte von Glühwein, Tannengrün und Zimtsternen umwehen, werden Erinnerungen geweckt an glückliche Festtage in der Kindheit, die Vorfreude auf die Geschenke und bestenfalls an ein wohliges Gefühl der Geborgenheit in der Familie. Weihnachtsstimmung als nostalgische Flucht aus der Kälte des Winters und des Alltags.

Doch das ist nicht alles. Wissenschaftler haben entdeckt, dass die Weihnachtsgewürze auch bei solchen Menschen Gutes bewirken, die sie gar nicht kennen, damit also auch keinerlei Erinnerungen verbinden. Wer noch niemals ein Duftpotpourri aus Weihnachtsgewürzen kennengelernt hat, erliegt dennoch seiner betörenden Wirkung. Denn viele der Gewürze, die wir für Plätzchen und winterliches Essen verwenden, sind gesund und daher für den Menschen attraktiv. Das weiß die Volksmedizin schon seit Jahrhunderten: Diese Gewürze regen die Verdauung an, hemmen Entzündungen, können den Blutzucker senken und sogar Schmerzen lindern.

Plätzchen statt Pillen
Sternanis sieht nicht nur im Glühwein schön aus und schmeckt in einer weihnachtlichen Teemischung, seine antibakteriellen und antiviralen Wirkstoffe helfen gleichzeitig gegen winterliche Erkältungen, oft auch gegen Bronchitis oder Mandelentzündungen. Die darin enthaltene Shikimisäure wurde sogar zum Grundstoff für das Grippemittel Tamiflu ausgewählt. Wenn der Hals verschleimt oder der Darm verstopft ist, hilft ein Aufguss der achtzackigen Frucht rasch. Anis, das durch das ätherische Öl Anethol leicht lakritzig schmeckt, ist zudem ein gutes Mittel gegen Bauchkrämpfe und Blähungen. Oder man kaut die Samenhüllen. Auch sie helfen der Verdauung nach schweren Mahlzeiten und verhindern Mundgeruch. Wegen seines milden, wohlschmeckenden Aromas wird Anis schon in der

Kinderheilkunde eingesetzt. Hinzu kommt die schleimlösende und hustenstillende Wirkung von Inhaltsstoffen wie Anisaldehyd und Anisketon. Gemahlen wird Anis für leckere Plätzchen, Pfeffernüsse und Springerle verwendet. Als ätherisches Öl lindert Anis – ähnlich wie Nelkenöl – den Zahnschmerz, kann allerdings dessen Ursache selten beseitigen.

Ein unerlässlicher Begleiter durch den Winter sind Gewürznelken. Sie sind die Blütenknospen eines über 10 m hohen, exotischen Baums, der zur Familie der Myrtengewächse gehört, und schon seit der Antike als wirksame Arznei bekannt ist. Ursprünglich stammen Gewürznelken aus Indonesien, werden aber heute überall angebaut. Sie geben nicht nur Glühwein und Gebäck ihren typischen Geschmack, sie helfen auch, den festtäglichen Rotkohl zu verdauen. Nelken sorgen nämlich durch die hohe Konzentration von Eugenol für die Freisetzung des Botenstoffes Serotonin, der uns glücklich macht und stimulierend auf die Darmmotorik wirkt, so dass die Verdauung gefördert wird. Das Ganze funktioniert interessanterweise dank des Nelkenduftrezeptors aus der Nase, den man auch im Darm findet.

Das antibakterielle, schmerzstillende und entzündungshemmende Eugenol wird gegen viele Infektionen und Mykosen erfolgreich eingesetzt. Zahnschmerzen lassen sich durch eine Nelke im Mund mit Eugenol betäuben und sogar in der Geburtshilfe wurde früher Nelkenöl zur Schmerzlinderung eingesetzt. Unschlagbar sind Nelken beim Gehalt an Antioxidantien. Sie schützen unsere Zellen, beugen dem Alterungsprozess vor und stärken die Abwehrkräfte. Die Nelke gilt als bester Radikalfänger unter den Gewürzen.

Das Geheimnis des Lebkuchens

Eines der ältesten Gewürze ist Zimt, der zuerst in China und Indien verwendet wurde. Die Ägypter nutzten ihn außerdem zur Einbalsamierung und als Räuchermittel. Die

Römer hingegen schätzten zunächst seine Wirkung als Aphrodisiakum, bevor sie seinen Wohlgeschmack entdeckten. Jahrhundertelang war Zimt eines der teuersten Gewürze und brachte den Handelsnationen Portugal und Holland großen Reichtum ein. In Zimtsternen stecken die ätherischen Öle aus der Zimtrinde, die schädliche Keime besonders wirksam abtöten. Gleichzeitig geht das Zimtaldehyd unter die Haut: Es spricht die Wärmerezeptoren des Nervus trigeminus an, so dass uns ganz warm ums Herz wird. Aber Achtung: die Zimtplätzchen nicht zu heiß backen, sonst entsteht schädliches Acrylamid. Und auch nicht zuviel essen, denn der Aromastoff Cumarin kann schädlich für die Leber sein. Besonders viel Cumarin steckt im günstigeren Cassia-Zimt, während Zimt aus Ceylon nur geringe Mengen enthält.

Hilfreich für Leber und Galle sind dagegen die ätherischen Öle und die pfefferähnlichen Moleküle des Kardamom – unverzichtbar für Spekulatius und den weihnachtlichen Lebkuchen, der in England Gingerbread heißt. Wegen des darin verwendeten Ingwers, aber auch, weil Kardamom selbst zur Familie der Ingwergewächse gehört. Kardamom gehört ebenfalls zu den Gewürzen, die schon seit der Antike geschätzt werden. Er kommt in Kapseln, die das Aroma der Samen schützen. Die ayurvedische Medizin benutzt Kardamom, um die Verdauung zu fördern und das Lebensfeuer zu entfachen. Die vom Ingwer stammenden Aromen erzeugen Schärfe und Hitze.

Die Ingwerwurzel selbst ist ein sehr wirkungsvolles und in Asien weitverbreitetes Mittel gegen Übelkeit. Ihr Inhaltsstoff Gingerol blockiert nämlich einen Rezeptor, der für die meisten Formen von Übelkeit verantwortlich ist. Wer also zuviel Plätzchen gegessen hat, sollte womöglich zum selbst gemachten Ingwertee greifen: Einfach den Ingwer klein schneiden und mit kochendem Wasser aufgießen. So hilft Ingwer auch gegen Erkältungen! Die neue deutsche Küche schwört auf Ingwer als Superknolle und bereitet daraus Ingwer-Shots: Ingwer und Zitrone als geballte Ladungen von Vitaminen und Mineralstoffen zur Stärkung von Abwehrkräften und Fitness, gegen Entzündungen und allgemeines Unwohlsein. Wahlweise mit Kurkuma, um ganz sicher zu gehen.

Vanille gegen Weihnachtsstress
Süßlich, warm, verlockend, einfach unwiderstehlich ist der Geruch der Vanille. Beim Genuss der Vanillekipferl oder Vanilleeis geraten die meisten Menschen in Verzückung, denn sie erinnern sich an den Genuss der Muttermilch und vieler zuckriger Kindheitsfreuden. Vanille hebt die Laune, reduziert den Weihnachtsstress, macht glücklich und regt dazu noch die Verdauung an.

Was Weihrauch und Myrrhe angeht: Sie gehören zu den ältesten bekannten Heilmitteln und waren daher zu Zeiten von Jesu' Geburt bereits wertvolle Geschenke. Hauptinhaltsstoffe der berühmten ägyptischen Kugeln „Kyphi" wurden sie gegen Mundgeruch gekaut und zur spirituellen Verzückung inhaliert. Die Myrrhe hat außerdem einen desinfizierenden und wundheilenden Effekt, ihre Bitterstoffe beruhigen den Darm. Über das Harz des Weihrauchs weiß man inzwischen, dass es entzündungshemmende Substanzen, die so genannten Boswelliasäuren, enthält, die weniger Nebenwirkungen haben als Corticoide. Weihrauchöl wird erfolgreich gegen Gelenkbeschwerden und Verstauchungen benutzt. Nicht zu unterschätzen ist natürlich auch die beliebte Wirkung des Weihrauchs beim weihnachtlichen Gottesdienst: Auch hier werden Erinnerung an ferne Kinderzeiten wach – wenn auch womöglich etwas vernebelt.

20

Die raffinierten Gaumenspiele des Weines

Wenn Weinkenner sich treffen, gibt es viele Meinungen. Schmeckt der edle Tropfen nach Pflaume oder Kräutern, duftet er gar nach kaltem Pferdeschweiß? Mund, Nase und der Gesichtsnerv Trigeminus beteiligen sich am Urteil. Ob man Rotwein dagegen als Anti-Aging-Droge betrachtet oder sich den Warnern vor zuviel Alkohol anschließt, das muss jeder selbst entscheiden.

Um auf die Audio-Version dieses Kapitels zuzugreifen, klicken sie auf die Kurz-URL oder scannen Sie sie mit der Springer Nature More Media App:

sn.pub/filbyu

Tief granatrot leuchtet der 1966er Chateau Haut-Brion aus Graves im Glas, und die Nasenflügel des Sommeliers beben, als er daran riecht. „Steinobst und Rosinen, begleitet von Zedernholztönen sowie unterschiedlichen Gewürzaromen" lautet seine Duftdiagnose. Sein Nebenmann erschnüffelt dagegen eindeutig Pflaume, flankiert von dezenten Röstaromen und leicht animalischen Tönen, während ein dritter Experte neben Leder noch dezenten Pfeifentabak wahrnimmt. Der sich anbahnende Streit wird mit einer Kompromissformel beigelegt: Es handelt sich um einen wirklich großen Wein, harmonisch in seiner Komplexität und elegant in der Vielfalt seiner Aromen.

Wenn Önologen, Weinhändler und Sommeliers sich treffen, um Weine zu verkosten, wird gern heftig diskutiert. Eher Vanille und Johannisbeere oder doch eine Spur Harz und frisches Holz? Selten einmütig fällt der Eindruck vom zweiten Wein aus, einem Chateau Palmer aus Margaux: Er duftet intensiv nach Fell und kaltem Pferdeschweiß, befinden die Kenner, begleitet von allerlei Kräutern, Leder und Zedernholz.

Dem normalen Weintrinker fällt es schwer, derlei Feinheiten zu erspüren, weil sein Geschmacks-und Geruchssinn wenig geübt ist. Ein Weinaroma enthält mehr als 80 verschiedene Duftstoffe, die entsprechend viele Riechzelltypen in unserer Nase aktivieren und damit ein komplexes Muster für „Wein" im Gehirn erzeugen. Die Hälfte davon erkennt jeder sofort, denn das sind die klassischen Düfte, die in allen Weinen dieser Erde vorkommen. Die andere Hälfte ist spezifisch für unterschiedliche Rebsorten. Erst durch viel Üben lernt man allmählich das typische Muster für jede Weinsorte und kann dann zum Beispiel einen Riesling von einem Silvaner unterscheiden. Durch noch mehr Üben können die Profis verschiedene Anbaulagen ausmachen, obwohl sich deren Muster nur minimal unterscheiden. Und absolute Top-Sommeliers erkennen Muster, die nur in ein oder zwei von den insgesamt über 80 aktivierten Riechzelltypen differieren.

Edle Fässer und Eichenspäne

Um den Wein in seiner ganzen Sensorik zu erfassen, brauchen wir aber mehr als das Riechen mit der Nase. Erst das bewusste Verkosten, das Herumspülen im Mund, liefert weitere Informationen. Am Gaumen werden die über die Nase bereits wahrgenommenen Aromen bestätigt und durch die Wärme des Mundes und das Kauen neue Aromastoffe freigesetzt. Die Zunge analysiert die Säure und die Süße, das Salzige und Bittere, und der *Nervus trigeminus* erfasst den Alkoholgehalt, vor allem aber die Adstringenz, das pelzig Speichelzieherische, den typischen Geschmack nach Eichenfass und Tanninen. Nimmt man einen kleinen Schluck, erkennt man auch den Abgang, das „finish", das entsteht, wenn über die Kehle von hinten nochmal die Aromen in unsere Nase aufsteigen.

Die Traubenaromen des jungen Weins bestehen meist aus frischem Apfel-, Zitronen-, Pfirsich-, Johannisbeer- oder Blütenduft, hinzu gesellen sich im Laufe der Jahre die Alterungsaromen, die nach Rosinen, Karamell oder Schokolade schmecken können. Die Materialien der Lagerung geben ebenfalls eigene Noten ab. Reift ein Wein in Eichenfässern, bekommt er den typischen Barrique-Geschmack. Manche Holzdüfte werden durch Stoffwechselprozesse noch einmal verändert, sodass es zu Sekundär-Barrique-Aromen wie Kaffee-, Mokka-, Zimt-, Nelke- und vor allem Vanilleduft kommt. Nach zwei Jahren haben die teuren Eichenfässer ihre gesamten Aromastoffe abgegeben und müssen erneuert werden, weshalb Wein häufig in Glas- oder Plastikbehältern gelagert und mit einem Säckchen Eichenspänen präpariert wird. Eine Methode, die inzwischen auch in Europa erlaubt ist und einen Wein hervorbringt, der selbst von Kennern fast nicht von einem Wein aus dem Holzfass zu unterscheiden ist.

Wertvoller Kork
Manche Weine könnten ganz ohne alle Zusätze wunderbar schmecken, wären sie nicht vorzeitig verdorben. Da freut man sich auf einen edlen Tropfen und dann riecht man es

schon am Korken: Hier stimmt was nicht. Der Korkgeschmack entsteht durch Mikroorganismen, die in der Korkrinde sitzen und mit einer Chlorverbindung reagieren, die beim Waschen und Bleichen in den Korken gelangt. Das Endprodukt heißt Trichloranisol – eine ziemlich scheußliche Geschmacksnote. Bis zu drei Prozent alles Weine werden dadurch ungenießbar.

Hauptlieferant für Kork ist Portugal. Dort wächst die Korkeiche, die mit 25 Jahren zum ersten Mal geschält werden darf. Wenn man dann noch bedenkt, dass erst die dritte Ernte für die Korkproduktion geeignet ist und die Eiche nur alle neun Jahre geschält werden darf, wird klar, dass Kork zu den seltensten und wertvollsten Rohstoffen gehört. Nach der Ernte wird die Rinde mindestens ein halbes Jahr lang unter freiem Himmel getrocknet, gekocht und desinfiziert und, damit ihre Oberfläche möglichst glatt ist, mit einem Paraffin- oder Silikonwachs überzogen. Bei sachgerechter Lagerung hat sie eine Lebensdauer von zehn Jahren und länger. Zunehmend sind aber Billigkorken auf dem Markt, daher verwenden die Winzer nun verstärkt Silikon- und Glaskorken oder Drehverschlüsse. Die Funktion des Naturkorkens ist allerdings nicht nur, die Flaschen zu verschließen, sondern er soll die Weine „atmen" lassen; außerdem werden über den Kork Mikroorganismen in den Wein gebracht, die nachweislich die Aromazusammensetzung eines edlen Tropfens positiv verändern. All dies ist mit Silikon-, Glas- oder Schraubverschlüssen natürlich nicht möglich.

Die Dosis entscheidet
Ob und wieviel Wein für den Menschen gesund ist, darüber gab und gibt es in der Geschichte der Medizin unterschiedliche Meinungen. Hippokrates wusste 400 Jahre vor Christus, dass im Wein nicht nur „veritas" (Wahrheit), sondern auch viel „sanitas" (Gesundheit) liegt, und empfahl

mit Wasser verdünnten Wein bei Kopfschmerzen und Verdauungsstörungen. Die Griechen und Römer benutzten Wein als Kräftigungsmittel für Genesende, als Beruhigungs- und Schlafmittel, als Schmerzmittel und vor allem bei vielen Magen- und Darmerkrankungen. Er wurde zum Desinfizieren von Wunden, für Umschläge, Einreibungen und Massagen verwendet. Die moderne Medizin entdeckte im Wein neben Vitaminen (C und B6), Mineralien und Spurenelementen vor allem Polyphenole und Gerbstoffe als gesundheitsfördernde Inhaltsstoffe. Wie bei den meisten Pharmaka gilt aber auch beim Wein: Die Dosis in entscheidend, und zuviel schadet. Daher warnen viele Experten vor regelmäßigen Weingenuss, weil Alkohol immer schädlich sei.

Andere Wissenschaftler fragten sich dagegen vor Jahren: Warum erleiden Franzosen, die doch bekannt sind für gutes Essen und üppigen Weinkonsum, nur halb so viele Herzinfarkte wie andere Europäer? Ihre Antwort lautet: Es liegt am regelmäßigen Rotweintrinken. Dadurch würde das „böse" LDL-Cholesterin abgesenkt und das „gute" HDL-Cholesterin gefördert, außerdem das Thromboserisiko gesenkt. Doch welche spezifischen Inhaltsstoffe verschaffen gerade dem Rotwein seinen Mythos? Es sind die bioaktiven Rotweinphenole. In Schalen und Kernen bildet die rote Traube über 100 verschiedene Arten davon, die alle unterschiedlich schmecken. Da für die Entstehung der satten roten Farbe die ganzen Tauben verwendet werden, kommen auch die gesundheitsfördernden Substanzen ins Glas. Die Phenole schützen als klassische „freie Radikalfänger" Trauben gegen Bakterien und Insekten und den Menschen gegen die Übel des Alters. So sollen sie das Herzinfarkt- und Diabetesrisiko senken, die geistige Leistungsfähigkeit erhalten und den Schlaf verbessern. Zu besonderer Berühmtheit brachte es das Resveratrol, das nicht nur ein adstringierender Stoff auf unserem Gaumen ist, sondern auch als reinste Anti-Aging-Droge gilt, die gegen Hautalterung und Krebs genauso wirksam sein soll wie für gute Durchblutung und kräftigen Haarwuchs.

Doch zurück zu Duft, Bouquet und Geschmack des Rebensaftes. Wenn es Ihnen nicht so leichtfällt, einen jungen Burgunder von einem fünf Jahre alten Merlot zu unterscheiden, Sie weder Kirsche auf der Zunge noch Pflaume im Abgang identifizieren können, sondern einfach nur erkennen, ob ein Wein Ihnen schmeckt oder nicht, dann seien Sie getröstet: Selbst Profis fällt die Beurteilung von Weinen manchmal nicht so leicht. Legendär ist das Experiment, an dem zehn bekannte Sommeliers aus Pariser Feinschmeckerlokalen teilnahmen. Sie sollten in völliger Dunkelheit aus zehn verschiedenen Weinen die fünf weißen und die fünf roten herausschmecken. Das hört sich einfach an, aber es gelang keiner einzigen der Profizungen. Offenbar „trinkt" das Auge weit intensiver mit, als man es für möglich hält. Erst als der Test auf einen weißen und einen roten Wein reduziert wurde, lagen die meisten von ihnen richtig. Unglaublich, finden Sie? Das hätten Sie auch noch geschafft? Der Test ist schnell gemacht, probieren Sie ihn einfach mal aus!

21

Ob Drogen oder Trüffel: Hunde sind perfekte Schnüffler

> Düfte, Gerüche und Gestank sind seine Welt, und er kann noch den feinsten Spuren folgen: der Hund ist eine absolute Topnase. Hunde finden nicht nur Drogen im Fluggepäck oder Trüffel unter Bäumen, sondern fahnden erfolgreich auch nach seltenen Tierarten und Schädlingen im Wald.

> Um auf die Audio-Version dieses Kapitels zuzugreifen, klicken sie auf die Kurz-URL oder scannen Sie sie mit der Springer Nature More Media App:
>
> sn.pub/cnfz9j

Sein Herrchen oder Frauchen erkennt der Hund natürlich sofort an ihrem Geruch. Nicht nur das: Er weiß auch, wie es ihm oder ihr geht. Freude, Angst oder Stress senden bestimmte Duftsignale aus, die der Hund wahrnimmt. Wobei ein ängstlicher Briefträger durchaus unterschiedliche Reaktionen hervorrufen kann. Manche Hunde bellen ihn nur an, weil der Fremde, der aufgrund seiner Angst unterlegen scheint, gefälligst aus seinem Revier verschwinden soll. Aggressivere Artgenossen fühlen sich durch den fremden Geruch provoziert und beißen zu. Selbstbewusste Hunde reagieren hingegen oft ganz gelassen.

Aber auch Hunde können nicht von Geburt an perfekt riechen, sondern müssen ihren Geruchssinn erst entwickeln. Mit einer gezielten Schulung kann ein Hund auf viele Duftinformationen trainiert werden und leistet dem Menschen gute Dienste. Auf Flughäfen sind Spürhunde im Einsatz, um Drogen oder Sprengstoff zu finden. Wird eine Person vermisst, kann der Spürhund ihr noch nach Tagen folgen. Auch bei Lawinenunglücken oder Erdbeben können geschulte Hunde Verschüttete aufspüren und Leben retten. Im medizinischen Bereich sind sie inzwischen anerkannte Experten auf vielen Gebieten. Dazu im nächsten Kapitel mehr.

Immer wichtiger werden Spürhunde im bauhygienischen und landwirtschaftlichen Einsatz, inzwischen sogar im Dienste des Artenschutzes. Eine gut trainierte Hundenase kann verschiedene Pilzarten, vor allem Schimmelpilz, auch an schwer zugänglichen oder versteckten Orten in einem Gebäude finden. In anderen Studien aus Afrika und Lateinamerika konnten Hunde nicht nur Bettwanzen aufspüren, sondern auch die gefährlichen Raubwanzen. Sie übertragen die lebensbedrohliche Chagas-Krankheit, an der in Argentinien mehr als 1,5 Mio. Menschen leiden. Laut WHO sterben mehr als 10.000 Menschen im Jahr daran. Die Wanzen verstecken sich in Spalten und Zimmernischen. Für den Menschen sind sie sehr schwer zu finden, Spürhunde dagegen haben kein Problem. In der Land- und Forstwirtschaft laufen Studien, Spürhunde für das Aufspüren von Schädlingen zu trainieren. Vor allem Käfer und ihre

Larven, die sich im zunehmend wärmeren und trockeneren Klima in den kranken Bäumen extrem vermehren können, sind im Focus des Einsatzes. Dies gilt insbesondere für den asiatischen Laubholzbockkäfer, einem gefährlichen Holzschädling und Neozoon.

Auf den Spuren seltener Arten
Von zunehmender Bedeutung werden sogenannte Artenspürhunde. Sie können, wie Studien an Fischottern in der Oberlausitzer Heide- und Teichlandschaft gezeigt haben, nicht nur gesuchte Tiere aufspüren, sondern auch sehr eng verwandte Arten anhand des Kots mit hoher Selektivität und Spezifität unterscheiden. Ihre Trefferquote kann bis zu 100 % betragen, und sie erkennen sogar einzelne Individuen. Im gleichen Experiment mit Experten erreichten diese nur eine Genauigkeit von etwa 70 %. Dass die Spürhunde sogar einzelne Individuen aufspüren können, ist für den Naturschutz von besonders großer Bedeutung.

Im Zentrum des Interesses von Naturschützern steht auch die Suche nach vom Aussterben bedrohten Arten der Amphibien, wie Molchen, Kröten und Reptilien. Gerade die im Wasser lebenden Amphibien verbringen viel Zeit an Land in gut geschützten Verstecken. In einem Pilotprojekt entdeckten Hunde neben verschiedenen Molcharten auch die seltene Kreuzkröte selbst im dichtesten Habitat. Bei versteckt lebenden Arten hat der erfolgreiche Einsatz von Artenspürhunden weltweit stark zugenommen. Ein Übersichtartikel im Fachjournal „Methods in Ecology and Evolution" des Helmholtz Instituts für Umweltforschung zusammen mit dem Institut für Zoo- und Wildtierforschung in Berlin fasste im Jahre 2022 die große Zahl wissenschaftlicher Publikationen zusammen und zeigte, dass es inzwischen Daten von erfolgreichen Suchhunden für über 400 Tierarten und sogar etwa 50 Pflanzenarten aus 60 Ländern gibt.

Hunde als Trüffelsucher

Manche Hunde sind eher im Freizeitbereich tätig. So der Hund des Trüffelsuchers Franco im italienischen Piemont. Gemeinsam machten wir uns eines Abends auf zu den knorrigen alten Eichen, die am Rand seiner Weinberge stehen. In die wunderschöne Landschaft mit ihren sanften Hügeln und schneebedeckten Bergen in der Ferne schaute allerdings niemand. Alle Teilnehmer unserer Reisegruppe blickten nur konzentriert zu Boden: Ist schon etwas zu sehen vom „weißen Gold des Piemonts"? Vom Trüffel? Sehr unwahrscheinlich, denn das begehrte Pilzgewächs, das selbst kein Chlorophyll bildet, lebt in Symbiose mit anderen Pflanzen bis zu 40 cm unter der Erde, meist im Wurzelgeflecht von Kastanien und Eichen. Dort stinkt der Trüffel, von menschlichen Nasen unbemerkt, in Ruhe vor sich hin. Skatol und Indol, typische Fäkaliengerüche, und auch das Steroid Androstenol, das Sexualpheromon des Ebers, sind seine charakteristischen Duftmarken. Schweine lieben dieses Pheromon, deshalb setzt man im französischen Périgord meist Schweine für die Trüffelsuche ein. Allerdings muss der Trüffelsucher sehr aufpassen, dass sie die Pilze vor lauter Begeisterung nicht gleich selbst fressen.

Franco vertraut lieber seinem Hund. Der fängt auch gleich hektisch an herumzuschnüffeln und eine Fährte aufzunehmen. Als er stehenbleibt, beginnt Franco zu graben. Alle sind etwas enttäuscht, als er kurz darauf einen hässlichen beige-grauen Klumpen ans Tageslicht befördert. Klein und schrumpelig. Das soll der berühmte Trüffel sein, von dem alle schwärmen? Für den sie tausende von Euro auf den Märkten des Piemont ausgeben? Francos Hund findet das sicher auch merkwürdig. Desinteressiert wendet er sich ab, nachdem er sein Leckerli kassiert hat.

Ein ganzes Jahr dauert die Ausbildung eines Trüffelhundes. Schneller könnte es in Zukunft gehen, wenn elektronische Nasen zum Einsatz kommen. Wissenschaftler und Trüffelsucher experimentieren mit verschiedenen Techniken, um die Suche zu vereinfachen. In der Schweiz werden solche elektronischen Nasen schon genutzt, um zu prüfen, ob ein Eber erfolgreich kastriert wurde. Wenn nicht, riecht und schmeckt er später nach Androstenol, Skatol oder Indol. Sein Fleisch wäre ungenießbar.

22

Spürhunde im medizinischen Einsatz

> Werden Hunde in Zukunft medizinische Tests und Untersuchungen ersetzen? Schon heute weiß man: Sie erkennen die Veränderungen von Körperdüften und können so Krankheiten wie Diabetes, Krebs und auch COVID erschnüffeln. Neue Untersuchungen zeigen, dass ihre Nasen manchmal besser funktionieren als herkömmliche Tests. Sogar bei Long COVID.

> Um auf die Audio-Version dieses Kapitels zuzugreifen, klicken sie auf die Kurz-URL oder scannen Sie sie mit der Springer Nature More Media App:
>
> sn.pub/gmzyk7

Hunde sind aufgrund Ihres exzellenten Riechvermögens in der Lage, Veränderungen im Körperduft zu erkennen, die auf psychischen, aber auch physischen Veränderungen beruhen, und von medizinischer Bedeutung sein können. So wurde schon seit längerem wissenschaftlich fundiert gezeigt, dass es für Hunde ein leichtes ist, emotionale Zustände des Menschen zu erkennen und zu unterscheiden. So konnten Hunde Menschen, die aus einem Liebesfilm, einem Horrorfilm oder einem Sexfilm kamen, gesichert unterscheiden.

Als Alarmanlage auf vier Beinen begleiten sie Epileptiker und auch Diabetiker, denn sie können die Anzeichen eines drohenden Anfalls erschnüffeln und die Kranken rechtzeitig warnen (s. dazu auch Kap. 11). Ob sie dabei die stoffwechselbedingten Veränderungen im Körpergeruch oder die einem Anfall vorausgehenden Stressreaktionen des Körpers erkennen, ist unklar.

Sogar als Krebsspezialisten sind Hunde im Einsatz, denn man hat herausgefunden, dass sie bestimmte Tumoren sehr frühzeitig und treffsicher identifizieren können. Blasen- und Lungenkrebs zum Beispiel, aber auch Brust-, Haut oder Darmkrebs. Gut möglich, dass uns die lästige Darmkrebsvorsorge bald erspart bleibt.

Selbst in der Pandemie zeigte sich, wie hilfreich der Einsatz der Hundenase sein kann. Wissenschaftliche Studien belegten, dass Spürhunde darauf trainiert werden können, COVID-positive Patienten schon in frühen Stadien mit einer hohen Wahrscheinlichkeit zu erkennen. Am Flughafen in Helsinki und Dubai kamen die Corona-Spürhunde erfolgreich zum Einsatz. Eine wissenschaftliche Studie an der Hochschule Hannover aus dem Jahr 2020 zeigte, dass trainierte Hunde das genetische Material vom SARS-CoV-2 Erregern erkennen konnten, ebenso Urin und Schweiß von COVID-19-positiven Patienten. Und das mit einer Treffergenauigkeit von über 90 %. Sie sind damit besser als herkömmliche Schnelltests. Hunde können auch zum Echtzeitscreening eingesetzt werden, z. B. bei Stadionbesuchern oder bei unterschiedlichen Veranstaltungen und Museumsbesuchen. Zurzeit versucht man, diese Studien auch auf andere Erreger zu erweitern, erste positive Ergebnisse gibt es bereits für verschiedene Influenza- und HPV-Viren.

Interessanterweise gibt es neue Studien aus 2023, in denen Hunde auch Long COVID Patienten erschnüffelten, bei denen der PCR-Test längst wieder negativ war. Ein Forscherteam der Tiermedizinischen Technischen Hochschule Hannover publizierte 2022 ihre Ergebnisse. Danach konnten Hunde in der Ausatemluft der Patienten noch die frühere Erkrankung erkennen, obwohl die klinischen Tests (Antikörpernachweis) negativ waren. Die trainierten Hunde riechen dabei nicht die Viren selbst, sondern flüchtige kleine Moleküle, die bei Viruserkrankungen durch den veränderten Stoffwechsel entstehen. So sind sie in der Lage, akute COVID-Infektionen von Long COVID zu unterscheiden, brauchen dazu nicht einmal am Patienten selbst zu riechen, sondern nur an Speichel- oder Schweißproben.

Erste Daten lassen sogar vermuten, dass sie nicht nur verschiedene Coronastämme mit über 80 % Sensitivität erkennen können, sondern auch unterschiedliche Virenstämme bei anderen Atemwegsinfektionen.

Werden also Corona Spürhunde die COVID-Detektoren oder die „Medical Detectives" der Zukunft sein? In England streifen bereits Spürhunde durch Menschenansammlungen, um bestimmte Krankheiten zu erkennen. Durch ein solches live-Screening ließe sich womöglich so manche Schließung vermeiden.

23

Tierische Topnasen helfen dem Menschen

Mit dem richtigen Training ihrer Nasen können Hunde, aber auch Ratten, Wespen und sogar Vögel dem Menschen wertvolle Dienste erweisen. Sie sind ideale Minensucher, fleißige Sprengstoffexperten und preisgünstige Müllsammler.

Um auf die Audio-Version dieses Kapitels zuzugreifen, klicken sie auf die Kurz-URL oder scannen Sie sie mit der Springer Nature More Media App:

sn.pub/h1bfs8

Man glaubt es kaum, aber auch Ratten können als Lebensretter unterwegs sein. Zugegeben: Einst brachten sie dem Menschen die Pest, was für ein anhaltend schlechtes Image sorgte. Auch ihr massenhaftes Auftreten wird selten begrüßt. Aber der Mensch neigt dazu, die Tiere zu unterschätzen, denn Ratten sind schlau und gelehrig. Zudem sind sie leicht. Lauter Eigenschaften, die sie zu idealen Minensuchern machen. Ihr geringes Gewicht löst keinen Zündmechanismus aus, und sie lernen viel schneller als Hunde. Während ein Hund ein Jahr braucht, bis er Minen findet, reichen der Ratte vier Monate. Zwei ihrer Stars, Lola und Espejo, wurden weltberühmt. Sie gehörten zum ersten Minen-Spürraten Schwadron von Kolumbien, dessen Felder nach fünf Jahren Bürgerkrieg vollkommen vermint und weitgehend unbenutzbar waren. Lola und Espejo lernten schnell die TNT-Päckchen zu erschnüffeln und kassierten dafür ihren gerechten Lohn: haufenweise Cracker. Was sie sehr viel preisgünstiger machte als professionelle Minensuchgeräte, die für die betroffenen Länder oft unerschwinglich sind. In Afrika machen sich oft Menschen auf Minensuche und riskieren dabei ihr Leben. Auch Honigbienen wurden schon eingesetzt. In den Versuchen überflogen sie die Felder, um Nektar zu sammeln. Anschließend kamen sie mit kleinsten TNT-Partikeln zurück. Oder auch nicht. Viele Bienen flogen einfach davon, ohne sich um ihren wissenschaftlichen Auftrag zu kümmern.

Besser klappten die Versuche mit Wespen. Der Biologe Glen Rains von der Universität Georgia war einer der ersten, der ihr Potential erkannte. Als er den Anti-Terror-Experten im US-Verteidigungsministerium erklärte, sein Team arbeite an einer Mehrzweckwaffe, die kostengünstig zu haben sei und sich selbst reproduziere, waren alle begeistert. Als der Forscher allerdings enthüllte, dass es sich dabei um Wespen handele, die er trainiere, waren die Experten entsetzt. Die Wespen seien in der Lage, Senfgas, Antrax und auch Sarin zu orten, argumentierte Rains. Allesamt Sprengstoffe, die für den Menschen nicht zu riechen sind. Schließlich waren die Militärs so fasziniert von der Idee, dass sie das Projekt finanziell unterstützten.

Wie man Wespen für solche Einsätze trainiert? Ganz einfach: mit Zuckerwasser und Sirup. „Man kann problemlos

Tausende von Wespen innerhalb von wenigen Minuten auf einen bestimmten Stoff konditionieren", erklärt ein Biologe des Teams. Und die Erfolgsquote liege höher als die von ausgebildeten Spürhunden. Mit Hilfe eines Detektors, etwa so groß wie eine Konservendose, und einer Kamera werden die Tiere und ihre Reaktionen beobachtet. In diesen „Wasp Hound" kehren die Wespen nach jedem Flug zurück und liefern ihre Informationen ab. Die Ergebnisse werden an einen Computer weitergeleitet.

Der Geruchssinn von Vögeln wurde lange unterschätzt. Tatsächlich war umstritten, ob sie überhaupt riechen können. Inzwischen weiß man, dass ihr Geruchssinn sogar sehr ausgeprägt ist. Vögel haben ein umfangreiches Repertoire an Geruchsrezeptoren, 550 verschiedene, also fast 200 mehr als wir Menschen. Sie können damit eine große Vielzahl von Gerüchen erkennen und unterscheiden, selbst in sehr geringen Konzentrationen. Allerdings ist die Geruchswahrnehmung bei Vögeln variabler als bei anderen Säugetieren. Einige Arten haben ein exzellentes Geruchsvermögen entwickelt, während es bei anderen eher weniger ausgeprägt ist. Beispielsweise nutzen Rabenvögel wie Dohlen, Krähen oder Raben den Geruchssinn intensiv, ebenso wie Meeresvögel, die ihn brauchen, um ihre Nahrung zu finden. Bei Gartenvögeln ist er weniger wichtig. Inzwischen gibt es auch fundierte wissenschaftliche Untersuchungen, die bestätigen, dass Zugvögel ihren Geruchssinn zur Wegfindung einsetzen. Selbst in großer Höhe können sie noch der Duftspur auf dem Land folgen.

Für Rabenvögel, ebenso wie für Tauben, wurden wissenschaftlich überdurchschnittliche kognitive Fähigkeiten nachgewiesen. Sie zählen zu den intelligentesten Tieren überhaupt. Sie nutzen Werkzeuge, können Futter, das unter Blättern oder in Behältern versteckt wurde, wiederfinden oder Rätsel lösen. In der schwedischen Stadt Södertalje sollen sie in Zukunft für saubere Straßen sorgen. Das Start-up

„Corvid Cleaning" will die Vögel durch Belohnung zur Mitarbeit bei der Säuberung der Straßen und der Stadt animieren. Mit ihrem guten Riechvermögen und ihren kognitiven Fähigkeiten sind Rabenvögel ideal für diesen Zweck. Es stellt für sie kein Problem dar, verschiedene Müllbestandteile auch aus größerer Höhe am Geruch zu identifizieren. Das Herzstück der Idee ist ein Automat, bei dem für jedes eingeworfene Müllteil oder jeden Zigarettenstummel etwas Futter als Belohnung herauskommt. In dieser Gegend sind vor allem Nebelkrähen und Dohlen ansässig, die sehr schnell lernen. Da diese Tiere ihre Artgenossen ständig beobachten und dabei lernen, alles zu imitieren, müssen sie für den Job nicht einmal extra trainiert werden. Sie könnten schon bald als exzellenter gefiederter Stadtreinigungstrupp unterwegs sein und die Reinigungskosten der Stadt deutlich senken.

Vorbild für die Schweden war womöglich der westfranzösische Freizeitpark „PUY DU FOU". Hier werden Krähen schon seit Jahren als Aufräumer eingesetzt. Der Park beherbergt inzwischen sechs dressierte Krähenfamilien, die alle Schnäbel voll zu tun haben. Auch in verschiedenen niederländischen Großstädten gibt es jetzt die sogenannten CROW Bars – Behälter, in die Krähen gesammelte Zigarettenstummel einwerfen können. Erkennt die Bar den Gegenstand, spuckt sie dafür eine Erdnuss aus. Unklar ist allerdings bis heute, ob und inwieweit das Sammeln von Müll für die Vögel gesundheitsgefährdend ist.

Tiere im Einsatz für den Menschen sind kostengünstig, aber oft auch unkalkulierbar. Der Hund ist launisch und verweigert den Einsatz, die Bienen schwirren ins nächste Revier und die Wespen verschwinden auf Nimmerwiedersehen statt in ihre Hounds zurückzukehren. Maschinen sind natürlich präziser und verlässlicher. Und wer weiß: Vielleicht können wir bald die Riechrezeptoren ohne die Tiere nutzen – wie bei der künstlichen Trüffelnase.

24

Göttliche Wohlgerüche und weltliche Duftwasser

Weihrauch galt im alten Ägypten als Duft der Götter und diente zur Einbalsamierung des göttlichen Pharaos. Kräuter, Harze und Öle waren wertvolle Duftgeschenke. Der Koran preist Kampfer und Moschus, während Judith aus dem Alten Testament und die kluge und schöne Kleopatra die Wohlgerüche von Zimt, Jasmin und Rosenblättern eher für politische Zwecke nutzten.

Um auf die Audio-Version dieses Kapitels zuzugreifen, klicken sie auf die Kurz-URL oder scannen Sie sie mit der Springer Nature More Media App:

sn.pub/u13fw7

Wohlgerüche von Pflanzen und Kräutern und die Verlockungen von Düften kennen Menschen seit Jahrtausenden. Schon in der Jungsteinzeit stellten sie Keramikgefäße für Harze her. In Mesopotamien wurden im 3. bis 1. Jahrtausend vor Christus Tempel gebaut, in deren Wänden kleine Kanäle zu Höhlen führten, aus denen beruhigender Gardenienduft in das Gotteshaus strömte. Gewürze und Kräuter waren überaus kostbar, gerade gut genug für die Götter, die damit gnädig gestimmt werden sollten.

Noah und die anderen Überlebenden verbrannten nach ihrer Rettung vor der Sintflut Zedernholz und Myrte als Zeichen ihres Dankes. Die Heiligen Drei Könige überbrachten dem Jesuskind Weihrauch und Myrrhe als wertvolles Geschenk. Weihrauch gilt der katholischen Kirche noch heute als Symbol der Reinigung und Verehrung sowie als Zeichen der Anwesenheit des Heiligen Geistes. Im alten Ägypten konnte man an ihm die Gegenwart Gottes erkennen, noch bevor er sich in seiner Gottesgestalt zeigte. Duftgefäße und Inschriften zeugen von seiner Bedeutung, zum Beispiel beim Geburtszyklus von Ramses II., 1279 vor Christus: „Dein Geruch erfreut mich, dein Duft ist der des Gotteslandes, dein Wohlgeruch ist der von Weihrauch."

Den göttlichen Pharao begleitete der Weihrauchduft von der Geburt bis zum Tod und bewahrte ihn bei der Einbalsamierung vor Verwesung. Da Weihrauch als Eigengeruch der Götter galt, wurde der Tote so duftmäßig in deren Gemeinschaft aufgenommen. Auch das Weihrauchgeschenk der Heiligen Drei Könige an das Jesuskind ist ein Hinweis auf dessen Göttlichkeit. Myrrhe hingegen wird meist als ein Bezug zum Begräbnis gedeutet, denn die Pflanze gehört zu den klassischen Salbungsaromen.

Wird Weihrauch in der Kirche verströmt, ist er wärmer als die umgebende Luft und schwebt nach oben in himmlische Bereiche, ein Sinnbild für das Emporsteigen der Gedanken zu Gott. Sein Duft wirkt nicht nur beruhigend, sondern auch leicht benebelnd. Katholischen Gläubigen ist er von Kindheit an vertraut und vermittelt ihnen ein Gefühl von Heimat und Zusammengehörigkeit. Und weil der Weihrauchduft auch an der Kleidung haftet, tragen sie die

Duftbotschaft nach der Messe hinaus in die Welt. Die katholische Kirche darf sich rühmen, damit einen unverwechselbaren Corporate Scent entwickelt und das Duftmarketing moderner Werbeagenturen schon bei Christi Geburt erfunden und seitdem perfektioniert zu haben.

Die Ägypter benutzten zur Einbalsamierung ihrer Toten nicht nur Weihrauch, sondern auch andere aromatische Harze und Öle. Und sie verbrannten Duftstoffe zu Ehren des Sonnengottes Ra: Harze und Pflanzenessenzen bei Sonnenaufgang, Myrrhe und den Saft des Balsaholzbaumes im Zenit und allerlei raffinierte Mischungen bei Sonnenuntergang. Ebenfalls „per fumun" – durch duftenden Rauch, dessen Rezeptur nur die Priester kannten – überbrachten die Römer ihre Bitten an die Götter und gaben damit dem Parfum seinen Namen. Ob Etrusker oder Sumerer, Ägypter, Griechen, Chinesen, Perser oder Hebräer, sie alle verwendeten duftende Substanzen aus der Natur, die sie in Tiegeln und Töpfen aufbewahrten, wie wir noch heute auf Fresken und Wandtafeln sehen können.

Im Islam verheißen gute Gerüche himmlische Freuden: „Die Frommen trinken im Paradies aus einem Pokal in den hinein Kampfer gemischt ist", heißt es im Koran, Vers 76.5, und zwar Wein, „der mit Moschus versiegelt ist". In der zwölften Sure „Joseph" versuchen dessen eifersüchtige Brüder, dem alten Vater weiszumachen, sein Sohn sei tot. Joseph aber – in Ägypten zu Reichtum und Ansehen gekommen – schickt dem Vater sein Hemd als Lebenszeichen. Der nimmt schon aus der Ferne den Geruch seines Sohnes wahr, und als man ihm das Hemd auf sein Gesicht legt, wird seine Blindheit geheilt (Vers 92–96).

Romanze mit Rosenblättern
Auch zu politischen Zwecken ließen sich verführerischen Düfte sehr gewinnbringend einsetzen. Schon zu alttestamentarischen Zeiten, so beschreibt es die Bibel, er-

oberte die Ehebrecherin Judith den Jüngling Holofernes mit Wohlgerüchen: „Ich habe mein Lager mit Myrrhe, Aloe und Zimt besprengt, komm lass uns die Liebe pflegen." Und ihr Erfolg ist legendär: Das jüdische Volk konnte sich aus der Unterdrückung durch die Assyrer befreien.

Die schöne und kluge Kleopatra soll ihre Romanze mit dem römischen Feldherrn Marc Antonius ebenfalls mit betörenden Blütendüften vorbereitet haben. In diesem Fall: mit einer Fülle von Rosenblättern. Der gesamte Boden ihres Zimmers sei bestreut gewesen, so die Überlieferung, und ihren Körper habe sie noch dazu mit einer Mischung aus Jasminöl, Rosenöl und Honig gesalbt. Unter 200 Düften konnte die Königin damals schon auswählen. Karawanen zogen durch Berge und Wüsten, Schiffe überquerten die Weltmeere, um die wertvollen Rohstoffe zu liefern. Wer es sich leisten konnte, gut zu riechen, hatte zweifellos Geld, Macht und Ansehen.

Als Erfinder der Destillierkunst gelten die Araber. Parfums wie wir sie heute kennen, werden seit dem 14. Jahrhundert hergestellt, eine Mischung aus ätherischen Ölen und Alkohol, die oft gleichzeitig als Heilmittel eingesetzt wurde. Die Zutaten kamen oft von weit her, gelangten mit den Handelsschiffen aus dem Orient nach Europa und begründeten den Reichtum von Städten und Heimatländern. Zentrum des Seehandels war damals die Republik Venedig, deren wohlhabende Bürger schon bald einen Sinn für die Verfeinerung der Sitten entwickelten. Katharina von Medici, die im Jahre 1533 Heinrich II. heiratete, brachte die Parfumerie aus ihrer Heimatstadt Florenz nach Frankreich mit. Aber erst unter dem Sonnenkönig Ludwig XIV stieg das Interesse für Wohlgerüche sprunghaft an, denn er war höchst geruchsempfindlich und ließ sich von seinem Parfumeur jeden Tag einen anderen Duft mischen, um die oft unfeinen „Vapeurs" des Palastes und die Miasmen der Umwelt zu bekämpfen. Obwohl allmählich auch die Seifenproduktion stieg, glaubte man noch immer, dass Wasser dem Körper die Lebensgeister entzöge, und war entsprechend sparsam damit. Mangelnde Sauberkeit versuchte man durch Wohlgerüche zu kaschieren und benutzte für die tägliche Toilette statt Wasser ein Duftwasser – das Eau de Toilette nämlich, das bis heute seinen anrüchigen Namen trägt.

Welterfolg aus der Glockengasse
Legendär ist der Parfumverbrauch der königlichen Mätresse Madame de Pompadour, die sich am Hof Ludwigs XV. um die Förderung von Musik, Theater und zivilisiertem Lebensstil verdient machte. Unter ihrem Einfluss entstand eine ganze Industrie von Luxusartikeln, die sich neben der Parfumproduktion vornehmlich mit der Herstellung parfümierter Handschuhe beschäftigte. Ihre eigenen Ausgaben für Parfum und wohlriechende Essenzen müssen so hoch gewesen sein, dass der königliche Finanzminister große Mühe hatte, sie im Budget unterzubringen. In England frönte dann sogar ausgerechnet die sittenstrenge Königin Elizabeth I. dem Luxus kostbarer Duftstoffe und Kosmetika. Sie schwärmte wie die Pompadour für parfümierte Handschuhe, trug um den Hals verzierte Gefäße mit den anregenden Aromen von Zimt und Nelken und ließ den gesamten Palast samt Tapeten und Mobiliar beduften. Erst die Protestanten stoppten diese übermäßigen Sinnesfreuden und erließen eine Verordnung, nach der Jungfrauen und Witwen der Hexerei bezichtigt wurden, sobald sie jemanden mithilfe von Parfums, falschen Haaren oder anderen „unfairen" Mitteln zur Ehe überlisteten.

Das Geheimrezept für den berühmtesten deutschen Duft, der jemals gemischt wurde, stammt von der italienischen Einwandererfamilie Farina: Eau de Cologne nannten sie ihn, denn sie lebten in Köln, im Haus des bekannten Kaufmanns Wilhelm Mühlens, in der Glockengasse 4711.

Dort startete ihr gleichnamiges Wasser aus Zitrusölen, Bergamotte, Zeder, Pampelmuse und diversen Kräutern im 18. Jahrhundert einen sensationellen Siegeszug um die Welt. Sein reinlicher und frischer Geruch überzeugte die Menschen von seiner gesunden und belebenden Qualität. Schon früh blühte der Export, denn die Versprechungen des Herstellers waren vollmundig. Das Wasser sollte nicht nur als Duftstoff, sondern sogar als Heilmittel wirken: „Es ist ein wunderbares Gegengift gegen allerhand Gift und ein vortreffliches Präservativ wider die Pest … die Gelbsucht, Catharren, Ohnmachten, stinkenden Atem … vertreibt die Kolik und stillet das Magenwehe, zertheilet das Seitenstechen und Brustkrankheiten, so von aufsteigenden Winden und kalten Füßen herrühren … ist vortrefflich wider die Zahnschmerzen …"

Der berühmteste Anhänger des Kölner Wassers war übrigens Napoleon Bonaparte, der sich vielleicht auch eine Linderung seines Magenleidens davon versprochen haben mag. Im Monat verbrauchte er angeblich an die 60 L, wobei auch seine gesamte Umgebung, einschließlich seines Pferdes, damit parfümiert wurde.

Gegen Ende des 19. Jahrhundert hatte der Ruf des legendären Wassers sogar die Türkei erreicht. Der Leibarzt des Sultans Abdülhamid II ließ es in großem Stil importieren, denn er stellte fest, dass das alkoholhaltige Eau de Cologne sich effektiv gegen Bakterien einsetzen ließ. Schließlich willigte der Sultan ein, dass im Osmanischen Reich selbst eine Parfumfabrik errichtet wurde. Seit 1882 wird das heilbringende Wasser unter dem Namen Kolonya preisgünstig produziert und von Bürgern aus allen Gesellschaftsschichten geschätzt.

25

Im Rausch der Düfte

> Mit einem Parfum umweht uns immer ein Hauch von Luxus. Wenn sich auch die Duftvorlieben ändern wie die Moden. Sie sind Ausdruck der eigenen Person, aber auch ein Spiegel der Gesellschaft. Die neuesten Duft-Kreationen beinhalten Wirkdüfte, die auf wissenschaftlicher Forschung beruhen. Denn tatsächlich haben wir Düfte gefunden, die eine vorhersagbare Wirkung auf den Menschen haben.

> Um auf die Audio-Version dieses Kapitels zuzugreifen, klicken sie auf die Kurz-URL oder scannen Sie sie mit der Springer Nature More Media App:
>
> sn.pub/d8x2z2

Zum Zentrum der Parfumherstellung wurde im 19. Jahrhundert die südfranzösische Stadt Grasse, in deren Umgebung schon seit Jahrhunderten Duftpflanzen wuchsen. Eigentlich hatten dort seit dem Mittelalter Gerber gelebt, die das anrüchige Gewerbe der Lederbearbeitung betrieben. Doch dann kamen parfumierte Handschuhe in Mode und aus den Gerbern wurden zunächst Handschuh-Parfumeure, schließlich widmeten sie sich – wie Jean de Galimard – ganz der Parfum-Herstellung. Die Firmen Galimard, Molinard und Fragonard sind noch heute berühmte Adressen in der „Weltstadt der Düfte". Im dortigen Museum kann man zusehen, wie die wertvollen Öle gewonnen werden: per Destillation, durch Extraktion der Duftstoffe oder auch mit Fett als Geruchsspeicher. Diese älteste Methode – anschaulich geschildert im Buch „Das Parfum" – ist allerdings sehr zeitaufwendig und teuer und wird deshalb heute kaum noch benutzt. Grundbestandteile eines Parfums sind zu 80 % Alkohol, außerdem destilliertes Wasser und darin gelöste Duftessenzen.

Immer noch im Einsatz sind wertvolle Rohstoffe wie Blüten, Kräuter, Harze und Hölzer. Eines der edelsten und teuersten ätherischen Öle ist das Rosenöl. Rosen enthalten so wenig Öl, dass man fünf Tonnen Rosenblüten braucht, um einen Liter ätherisches Öl zu erhalten. Auch tierische Duftnoten können wertvoll sein, wenn ihre Entstehung auch gelegentlich eher unappetitlich anmutet. So ist das für Männerdüfte beliebte Ambra in Wirklichkeit das getrocknete Erbrochene eines Pottwals. Walkotze sozusagen – große graue Klumpen, die im Meer schwimmen. Die Tiere entledigen sich auf diese Weise der unverdaulichen Reste ihrer Nahrung, die getrocknet zu einem extrem kostbaren Rohstoff werden. So war denn auch eine Gruppe von Fischern im Jemen überglücklich, im Frühjahr 2021 im Bauch eines toten Pottwals sage und schreibe 127 Kilo Ambra zu finden. Bedenkt man den durchschnittlichen Lohn eines Fischers von 800 € jährlich und den Kilopreis von Ambra, der zwischen 10.000 und 30.000 € liegt, weiß man, dass die Fischer und ihre Familien ausgesorgt haben. Auch für die Bedürftigen im Dorf war noch ausreichend Geld übrig.

Bis Mitte des 20. Jahrhunderts blieben Parfums ein Luxusartikel. Erst durch die Herstellung und Verbreitung synthetischer Duftstoffe wurden sie preiswerter. Dabei werden Düfte analysiert und kopiert, es entstehen aber auch völlig neue Kompositionen. Synthetische Düfte haben den Vorteil, dass man sie beliebig intensiv einsetzen kann. Aber es sind immer nur einzelne Duftkomponenten aus der komplexen Mischung eines natürlichen ätherischen Öls. Der erste Duft mit synthetischen Anteilen war das berühmte Chanel No. 5 von 1921 – aus 80 Ingredienzien zusammengesetzt und ebenso zeitlos wie Coco Chanels Kleines Schwarzes. Sie selbst pries es als den „Duft eines nordischen Morgens am See". Noch Filmstar Marilyn Monroe wusste über 30 Jahre später seinen Duft zu schätzen: Statt eines Pyjamas, so ließ die Schönheit die interessierte Öffentlichkeit wissen, trage sie des nachts nichts als ein paar Tropfen Chanel No. 5 am Leib. Bis heute ist Chanel No. 5 mit seinen floral-fruchtigen Noten ein Klassiker. Allerdings riecht es nicht mehr exakt wie damals, sondern wurde behutsam den Dufttrends der neuen Zeit angepasst.

Der Eigenduft entscheidet

Heute bestehen Parfums aus einer Vielzahl unterschiedlicher Duftstoffe, manche aus mehr als hundert verschiedenen Bestandteilen. Schätzungsweise 200 natürliche Öle pflanzlichen oder tierischen Ursprungs werden durch über 2000 synthetische Produkte ergänzt, so dass dem Parfumeur ein breites Spektrum an Duftnoten für die Komposition zur Verfügung steht, das auch ökologische und gesundheitliche Aspekte wie Allergien berücksichtigen kann. Dabei unterscheidet man vier Duftklassen: das Parfum mit einem Anteil von 15 bis 30 % sogenannter Riechstoffe, das Eau de Parfum mit bis zu 14 % Riechstoffen, das Eau de Toilette, das zwischen sechs und neun Prozent Riechstoffe enthält und schließlich das Eau de Cologne mit der stärksten Verdünnung und nur noch bis zu fünf Prozent Riechstoffen.

Bei der Komposition achten die Parfumeure auf ein ausgewogenes Verhältnis von Kopf-, Herz- und Basisnote. Die Kopfnote soll interessant wirken und Neugier wecken, allerdings verfliegt sie schnell. Hier kommen vor allem Bergamotte- und Zitrusnoten zum Einsatz. Dann folgt die Herznote, der Charakter des Parfums, meist aus Blütenaromen, die über einige Stunden gut zu riechen sind. Die Basisnote soll lange halten und kann holzige oder animalische Düfte, wie z. B. Moschus, enthalten. Oft riecht sie auch nach Moos, Erde oder Leder. Der individuelle Duft entfaltet sich übrigens erst auf der Haut des Kunden und der Kundin, denn er ist abhängig von deren Eigenduft, dem Fettgehalt der Haut und der Zusammensetzung der Mikroorganismen, die bei jedem Menschen anders ist. Deshalb ist es ratsam, ein Parfum zunächst einige Stunden auszuprobieren und sich nicht im Duty-Free-Shop oder in einer Drogerie zu einem Spontankauf hinreißen zu lassen.

Die Versuchung zu einem solchen Parfumkauf ist groß, denn wie in der Mode wechseln die Trends auch bei den Düften. Schwere sinnliche Noten wie „Opium" von Yves Saint Laurent oder „Poison" von Dior waren out als das AIDS-Virus die Menschen bedrohte und man tunlichst monogam leben sollte. Es kam „Cocooning" mit leichten, dezenten Düften und Calvin Kleins „CK one" mit der Lifestyle Botschaft vom Unisex, das zu einem der beliebtesten Parfums des ausgehenden 20. Jahrhunderts wurde. Für beide Geschlechter tauglich sollen auch die so genannten Pheromon-Parfums sein, Düfte mit Sexuallockstoffen, denen ähnlich unwiderstehliche Kräfte zugesprochen werden wie den Pheromonen der Tiere. Allerdings gibt es für deren Wirkung keinen einzigen wissenschaftlichen Beweis. Ganz so einfach klappt es dann doch nicht mit der Verführung.

Wirkdüfte für Entspannung und Vertrauen
Dagegen sind von unserem Labor an der Ruhr-Universität Bochum eine Reihe von wissenschaftlichen Nachweisen für

Duftwirkungen beim Menschen veröffentlich worden. So konnten wir Düfte identifizieren, die auch bei Menschen eine vorhersagbare Wirkung haben. Diese Wirkdüfte können anregen und aktivieren oder auch beruhigen und entspannen. Andere fördern Kommunikation, Vertrauen und Zuwendung. Deshalb ist es nicht weiter erstaunlich, dass inzwischen Parfums kreiert werden, die diese Wirkdüfte enthalten. Die erste Kreation eines solchen Parfums war „Knowledge", ein Duft zum 50. Geburtstag der Ruhr-Universität. Der bekannte Berliner Parfumeur Geza Schön komponierte das Parfum aus über 40 Wirkdüften, die von unserem Labor veröffentlicht wurden. „Knowledge" soll in seiner Kopfnote die Aktivität, Aufmerksamkeit und Leistungsfähigkeit fördern, gleichzeitig durch die Herznote entspannend wirken und in der Basisnote für gute Kommunikation und Vertrauen untereinander sorgen.

Ein ähnliches Prinzip verfolgt eine Parfum-Serie der Firma „Amatrius", in der Geza Schön verschiedene Wirkdüfte auf die vier Parfums „Enjoy me", „Love Me", „Unplug Me" und „Recharge me" aufgeteilt hat. Je nachdem, was die Trägerin – oder der Träger – gerade erreichen möchte, kann sie oder er mit dem richtigen Parfum die gewünschte Wirkung erzielen. Geza Schön war auch der erste Parfumeur, der ganz auf den minimalistischen Ansatz zur Parfumherstellung setzte: die Molekül-Parfums. Während klassische Parfums eine Mischung vieler Duftnoten bieten, bestehen sie aus einem einzigen Duft, der komplett im Labor hergestellt wird. Schluss mit der tonnenweisen Verschwendung von Rosen, her mit den synthetischen Imitaten Geraniol, Citronellol und 2-phenylethanol. Ressourcensparend, clean und unisex, passend zu Mode, Design und nachhaltigem Lebensstil der Generation Y. Noch dazu weniger reizend für Allergiker als viele Naturprodukte. Geza Schöns „Molecule 01" zum Beispiel besteht aus einem einzigen Molekül, dem „Iso E Super Gamma", das einen samtigen, holzigen Geruch verströmt und wie Moschus oder frische Wäsche riecht. Ähnliches gilt für „Molecule 02", das den Duft Hedion enthält. Für beide Düfte konnte unser Labor nachweisen, dass sie einen menschlichen Pheromonrezeptor aktivieren und Vertrauen und Kommunikation sowie Reziprozität, das Handeln auf Gegenseitigkeit, beeinflussen. Wobei die Substanz im Flakon noch nicht den eigentlichen Duft ausmacht. Der entwickelt sich nämlich erst auf der Haut der Benutzerin oder des Benutzers. Bei jedem Menschen anders, ganz individuell und einzigartig.

Welche konventionellen Düfte das Jahr 2022 prägen, scheint unter den Expertinnen der Frauenzeitschriften noch nicht ausgemacht. Sind es die Wirkdüfte oder die Molekül-Parfums? Manche vermuten, dass Düfte Stärke ausstrahlen müssen. „Si Intense" von Giorgio Armani vielleicht? Mit viel Sinnlichkeit und Selbstbewusstsein. Oder doch romantisch, reichhaltig und blumig wie „Carolina Herrera For Women"? Ein Duft mit Jasmin, Nachthyazinthe, Sandelholz, Ambra und Moschus. Auf jeden Fall prachtvoll und weiblich, gern auch mit ledrigen Untertönen oder erdigen Nuancen. „Für ein Gefühl von Geborgenheit", sagt Isabelle Abram, Parfumeurin von Givaudan, habe sie ihr neues Nivea-Parfum komponiert: eine Mischung aus frischer Wäsche und dem typischen Duft der Hautcreme. Ein Hauch von Frische, ein gerade bezogenes Bett und saubere Kleidung – was kann der Mensch mehr wollen in einer Welt voller Probleme.

26

Marketing mit Wohlgefühl

> Düfte können eine ganz besondere Atmosphäre erzeugen. Das wissen auch die Profis der Duftagenturen, die für ihre Auftraggeber dafür sorgen, dass die Kauflaune ihrer Kunden steigt. Oder die Zufriedenheit ihrer Hotelgäste. Oder das Glück der Fluggäste. „Neuromarketing" heißt die Strategie, und Düfte sind eins ihrer erfolgreichsten Instrumente.

> Um auf die Audio-Version dieses Kapitels zuzugreifen, klicken sie auf die Kurz-URL oder scannen Sie sie mit der Springer Nature More Media App:
>
> sn.pub/hqk0x2

Eine Branche atmet auf: Endlich dürfen Kunden wieder ohne Maske einkaufen. Keine beschlagenen Brillen, keine verknautschten Ohren und kein missgelauntes Gehetze, um möglichst alles Nötige schnell zu erledigen. Stattdessen entspannte Gesichter mit rot geschminkten Lippen und neugieriger Nase, die sich so lange hinter Vlies verstecken musste. Die Menschen bummeln wieder durch die Geschäfte und lassen sich mit leiser Musik und angenehmen Düften zum Konsumieren verführen. Darin wollen sie das Kaufhaus und der Supermarkt bestärken. Also: Schritttempo reduzieren und den Kunden mit gezielten Reizen für das Angebot interessieren. Nur wer sich Zeit nimmt und nicht einfach seinen Einkaufszettel abarbeitet, sieht auch, welche Produkte sonst noch in den Regalen stehen.

Die erste Hürde findet sich meist im Eingangsbereich des Supermarktes – dem so genannten Vorkassenbereich. Dort lockt eine Bäckerei mit frischem Brot, Brötchen, die vor Ort aus dem Backautomaten kommen, und den feinsten Kuchen. Wie gut sie duften! Der Kunde hat es womöglich schon auf der Straße gerochen, denn manche Bäckereien verbreiten künstliche Brotdüfte in den Fußgängerzonen. Nun kann der potentielle Käufer sich überzeugen: Das Angebot sieht wirklich äußerst verführerisch aus. Schon verspürt er oder auch sie einen leisen Appetit und vergisst, dass er oder sie eigentlich nur das Nötigste kaufen wollte. Das kommt dem Supermarkt gelegen, denn Kunden mit Hungergefühl kaufen deutlich mehr ein. Auch Lebensmittel, die sie eigentlich gar nicht brauchen.

Um die Kauflust zu steigern, wird gern auch mit Tricks aus der Chemiekiste gearbeitet: Die Bäckereien benutzen künstliche Zusatzstoffe und in der Obst- und Gemüseabteilung werden die Orangen mit Orangenduft besprüht. Eine Supermarktkette machte die besten Erfahrungen mit einem Duftmix aus Rosenholz, Orange und Lavendel, der von der Decke versprüht wurde, um den Kunden in eine wohlige Stimmung zu versetzen. Das Branchenblatt „Lebensmittelzeitung" berichtete von einer Umsatzsteigerung von 40 %.

Duftlandschaften für die Damenmode

Gern werden Duftgeräte in Problembereichen eingesetzt. Wenn es bei der Leergutannahme oder an der Bedientheke für Fisch und Käse leicht muffelig riecht, sorgen die Geräte dafür, dass die unangenehmen Gerüche zerstört und durch einen als angenehm empfundenen Kräutergeruch ersetzt werden. Profis nehmen daher zunächst eine olfaktorische Raumanalyse vor. Dann wird die Luft gereinigt und anschließend mit einer ausgefeilten Duftkomposition angereichert. Dabei kommen ganz unterschiedliche Düfte zum Einsatz, je nach Einsatzort. Kaufhäuser arbeiten meist mit „multiplem Ansatz". Sie bieten in einzelnen Abteilungen mehrere Düfte für die verschiedenen Kundennasen an und lassen zudem ganze Duftlandschaften entstehen: Frühlingsblumen für die Damenmode, frische Meeresbrise für sommerliches Outfit und zu Weihnachten gern Zimt und Karamell, um den Verkauf von Geschenken anzuregen.

Den Kunden muss man sich dabei als glückliches Opfer vorstellen: Er reagiert wie er soll, weiß nicht warum, ist aber höchst zufrieden mit seiner Kaufentscheidung. Oft hat er den Duft, der ihn so entspannt konsumieren lässt, gar nicht wahrgenommen. Denn er wird so dosiert, dass er zwar eine angenehme Atmosphäre schafft, aber nicht aufdringlich daherkommt. Erst wenn die Konzentration von Duftstoffen eine gewisse Schwelle überschreitet, ist der Duft überhaupt zu riechen. Experten sprechen von der Wahrnehmungsschwelle. Bei noch höherer Konzentration, der so genannten Erkennungsschwelle, kann man ihn identifizieren. Bei der Unterschiedsschwelle schließlich kann man ihn aufgrund seiner Intensität dann auch von anderen Düften unterscheiden. Von Stufe zu Stufe wird jeweils eine etwa zehnmal höhere Dosis gebraucht. Aber so weit lassen es professionelle Bedufter meist gar nicht kommen. Der Duft soll schließlich nicht penetrant wirken oder gar dem Besucher auf die Nerven fallen. Ein abschreckendes Beispiel lieferte dafür das amerikanische Label „Abercrombie & Fitch", deren Läden solche Duftschwaden in die Nachbarschaft pusteten, dass es zu Beschwerden kam.

Der besondere Duft nach Neuwagen

Und noch etwas gilt es zu beachten: Der Duft muss gut zum Produkt passen. Wenn Menschen Lilien riechen, so ergab eine Studie, dann kaufen sie zwar vermehrt Blumendünger, aber nicht unbedingt mehr Mineralwasser. Nun kann man sich fragen: Wieso sollte Blumendünger nach Lilien riechen? Aber irgendwie hat er wohl etwas mit Blumen zu tun, die vor dem geistigen Auge des Kunden bereits aufblühen. Jedenfalls hat man sich bald daran gewöhnt und kauft nur noch diesen wohlriechenden Dünger und keinen anderen mehr. Experten empfehlen deshalb, bei der Markeneinführung eines neuen Produktes gleich einen passenden Duft mitzuliefern. Ein „markenkongruenter" Duft sollte es aber eben schon sein, damit der Kunde gleich „markenspezifische Assoziationen" hat.

Eine ganz besondere Marke ist der Neuwagen. Egal, ob Smart, Opel oder Jaguar: Der Kunde hat sich mit ganzen Herzen dafür entschieden und viel Geld bezahlt, also soll das gute Stück auch lange teuer riechen. Was die meisten Käufer nicht wissen: Der Neuwagenduft besteht eigentlich aus jeder Menge unerwünschter Eigengerüche aus der Produktion, die mehr oder weniger geschickt mit Duftstoffen kaschiert werden. Allein die beständig steigende Zahl der Kunststoffbauteile, die den neuen Wagen leichter machen als seine Vorgänger, riechen nicht immer besonders attraktiv. Dazu kommen Leder-, Gummi- und Stoffausdünstungen angereichert mit Gerbstoffgerüchen und Lösungsmitteln, Weichmachern, Lacken, Kleb-und Schaustoffen. Insgesamt eine Mixtur, die eher stinkt als duftet.

Und spätestens hier setzt die Kritik ein: Das Duftdesign benutze üble Tricks, um den Kunden zu täuschen und zu manipulieren. Insbesondere diese „Maskierungsfunktion" mancher Duftkompositionen täusche falsche Tatsachen vor, schließlich würden offensichtliche Mängel raffiniert überdeckt. Ganz abgesehen davon, dass nun zu den visuellen und akustischen Attacken der Werbung auch noch die besonders subtile Form der olfaktorischen Verführung hinzukomme. Andere Kritiker betonen, dass die unnötige Verwendung von Duftstoffen zu mehr Allergien, Kopfschmerzen und anderen Beschwerden führen könne.

Das Opfer hingegen, in diesem Fall der Autokäufer, fühlt sich meist weder krank noch hintergangen. Der Kauf eines neuen Wagens ist nun einmal ein emotional äußerst positiv besetztes Erlebnis, daher wird auch sein Duft begeistert begrüßt. Und sollten eines Tages Jogging-Schuhe, nasse Handtücher oder gar Zigaretten die Luft verpestet haben, greift der Autobesitzer auch gern zum Spray Marke „Neuwagen", um den begehrten Duft wieder herzustellen.

Oder er hängt sich einen Wunderbaum an den Spiegel. Der sieht zwar aus wie eine Papptanne, duftet aber nicht nach Kiefer oder Fichte, sondern meist nach Vanille. Oder eben: nach „New Car".

Corporate Scent – ein Hauch von Wohlgefühl
Ein Hauch von Luxus, das ist der Duftschlüssel zum Erfolg. Das machen sich auch Airlines und Hotels zunutze. Pioniere waren die Manager von „Singapore Airlines", die schon seit den 1990er-Jahren ihre identisch sanften und wohlgekleideten Flugbegleiterinnen mit bedufteten heißen Tüchern zu den Passagieren schicken. „Stefan Floridian Waters" heißt einer der ersten Corporate-Scents, ein Mix aus Rose, Lavendel und Zitrusfrüchten, der die Marke „Singapore Airlines" bei den Fluggästen für immer mit Ent-

spannung, Wohlgefühl und sicherem Komfort verbindet. Ohnehin war Singapur einer der Vorreiter in Sachen Duftmarketing. In Asien dufteten schon ganze Einkaufscenter, während in Europa noch brav die Fenster zum Lüften geöffnet wurden.

Allmählich folgten internationale Hotelketten, denn moderne Manager entdeckten, dass die ersten zehn Minuten entscheidend für das Urteil des Gastes sind. Farben, Klänge und eben ein angenehmer Duft sollten gleich in der Lobby für den guten Eindruck sorgen. So führte zum Beispiel das „Westin", das zur „Starwood"- Hotelkette gehört, mit dem Duft „White Tea" eine der ersten hoteleigenen Duftlinien ein. Weißer Tee, Efeu, Geranien und Fresien empfangen die Gäste, während bei der Konkurrenz vom „Sheraton" wenig später ein Hauch von „Welcoming Warmth" aus Feige, Bergamotte, Jasmin und Fresien wehte. Im „Shangri-La" dagegen duftet es süß und verführerisch nach Vanille, Sandelholz und Moschus. Diese Düfte kann man natürlich auch kaufen und die angenehme Atmosphäre in Form von Seife, Shampoo oder Cremes mit nach Hause nehmen. Bis zum nächsten Mal!

Leicht wiedererkennbare und unverwechselbare Brand-Scents gehören bei Einführung neuer Marken inzwischen ebenso zur Corporate Identity wie Logos, Farben, Firmenkultur oder Erscheinungsbild. Duftdesigner haben allerdings ein Problem, und das ist der Kunde. Was riecht er überhaupt gern? Welcher Mix ist das olfaktorische Äquivalent zur gefälligen Fahrstuhlmusik, die jeder mag oder zumindest klaglos hinnimmt? So genau weiß das niemand, aber es gibt inzwischen eine Reihe von Untersuchungen, die immerhin besagen: Ein angenehmer Duftmix, der zum Kaufsortiment passt, bewegt den Kunden, länger zu verweilen und mehr zu konsumieren. Ins Gartencenter passt Blumenduft, die Obst- und Gemüseabteilung des Supermarktes steigert ihre Umsätze mit Erdbeerduft und das Reisebüro profitiert vom Duft nach Kokosnüssen. Kommen dazu noch weitere Reize, wie Fotos von Palmenstränden und leise Musik, ist der Kunde restlos überzeugt. Er fühlt sich glücklich und kein bisschen manipuliert. Was natürlich ein kompletter Irrtum ist.

27

Vom Riechtraining zum Gehirnjogging

> Der Schnupfen kam und das Riechen ging. Durch Krankheit oder allein schon durchs Älterwerden kann beim Menschen das Riechvermögen nachlassen. In vielen Fällen aber hilft ein Riechtraining. Tägliches Üben kann nicht nur die Gerüche zurückbringen, sondern auch das Gehirn zu besserer Leistung anspornen.

> Um auf die Audio-Version dieses Kapitels zuzugreifen, klicken sie auf die Kurz-URL oder scannen Sie sie mit der Springer Nature More Media App:
>
> sn.pub/tyyzfq

Mit dem Herbst kommt der Schnupfen und plötzlich erleben wir: Alles schmeckt nach nichts. Die Nase ist verstopft, weder der Duft des Lieblingsessens noch das eigene Parfum kann den Schleim durchdringen. Das ist normal. Erst wenn der Zustand anhält, sollte man überlegen, sein Riechvermögen testen zu lassen. Ein Arzt kann erkennen, wo die Ursachen liegen. Beim Riechsystem in der Nase, weil die Schnupfenviren die Riechzellen nachhaltig geschädigt haben? Oder bei der Verarbeitung der Gerüche im Gehirn, weil sich eine neurodegenerative Erkrankung ankündigt?

Für den Riechtest gibt es spezielle Riechstifte, die wie Filzschreiber aussehen. Nimmt man die Kappe ab, verströmen sie Gerüche nach Ananas, Teer oder Fisch. Gesunde Menschen können die verschiedenen Düfte erkennen und unterscheiden. In einem weiteren Test prüft der Arzt, welche Konzentration des Duftstoffes noch wahrgenommen wird. In einigen Fällen können weitere Untersuchungen mit bildgebenden Verfahren oder neurologischen Tests notwendig sein.

Therapien mit unterschiedlichem Erfolg
Für den normalen Schnupfen, wie auch für eine Corona-Infektion, gibt es ein erstes Hilfsmittel: geduldiges Abwarten. Meist schafft es die Riechschleimhaut, sich zu regenerieren, allerdings kann das im Falle einer Corona-Erkrankung einige Wochen oder auch Monate dauern. Wer die Regeneration unterstützen möchte, kann mit verschiedenen Duftölen morgens und abends seine Nase trainieren – auch das muss man einige Monate durchhalten. Wenn der Zugang der Duftmoleküle zur Riechschleimhaut in der Nase dauerhaft erschwert oder unterbrochen ist, wie z. B. durch eine Entzündung, Scheidewandverkrümmung oder durch Polypen, kann ein operativer Eingriff hilfreich sein. Bei chronischen Entzündungen, vor allem auch der Nebenhöhlen, ebenso wie bei allergischen Schleimhautschwellungen kommen Medikamente wie Antibiotika, Antiallergika oder Cortison zum Einsatz – häufig sehr erfolgreich. Ob Vitamine oder Wachstumshormone die Regeneration von abgestorbenen Riechzellen durch Stammzellen beschleunigen

können, ist umstritten. Ebenso der Erfolg von größeren operativen Eingriffen. Dabei werden zwar Veränderungen der Schleimhaut beseitigt, doch die anschließende Vernarbung des Gewebes blockiert häufig erneut den Zugang zur Riechschleimhaut.

Völlig erfolglos sind leider auch bis heute alle therapeutischen Ansätze, Riechzellschädigungen, die durch Viren verursacht wurden, wieder zu heilen, wenn dabei auch die Stammzellen betroffen sind. Ähnliches gilt auch für Unfälle, bei denen das Siebbein des Schädelknochens betroffen ist und die kleinen Röhren des Siebbeins zerstört werden, die den Nervenfäden der Riechzellen den Zugang zum Gehirn ermöglichen.

Mit Riechübungen zu mehr Lebensqualität
Der häufigsten Ursache von Geruchsblindheit, dem höheren Alter, kann man mit regelmäßigem Training nicht nur vorbeugen, sondern den Verlust der Riechfähigkeit auch verlangsamen. Der positive Nebeneffekt dabei ist: Wer das Riechen übt, trainiert sein Gehirn gleich mit.

Ab etwa dem 60. Lebensjahr nimmt das Riechvermögen allmählich ab, daher gilt es, frühzeitig mit Riechübungen zu beginnen. Am besten, man nimmt sich täglich zwei oder drei Mal für wenige Minuten die Zeit, gezielt an einigen duftenden Gegenständen zu riechen. Hierzu kann man verschiedene Obst- oder Gemüsesorten nehmen, Deos, Cremes oder Parfums ebenso wie unterschiedliche Säfte, Weine oder ätherische Öle von guter Qualität und ohne Zusatzstoffe. Zu Beginn eigenen sich am besten Öle, die sich gut unterscheiden lassen: Rose, Zitrone, Nelke, Eukalyptus, Pfefferminz oder auch Gewürze wie Thymian und Rosmarin. Die Düfte kann man mit beiden Nasenlöchern tief einatmen oder die Nasenlöcher einzeln trainieren – also das jeweils andere zuhalten und diesen Vorgang ein paar Mal wiederholen bevor man zum anderen Nasenloch wechselt.

Dabei ist es wichtig, die Gegenstände mit geschlossenen Augen zu identifizieren und sich zu fragen: Wie heißt dieser Duft? Kann ich ihn gut erkennen? Wo ist er mir zum ersten Mal begegnet? Und welche Erinnerungen und Emotionen verbinde ich mit dem Duft? Wissenschaftliche Untersuchungen an der Universitätsklinik in Dresden haben gezeigt, dass nach einem halben Jahr Training über 30 % der Menschen eine Verbesserung des Geruchssinns erreicht haben. Zusätzlich wurde die Abnahme des Riechvermögens im Alter um einige Jahre hinausgezögert. Der wiedererlangte oder verbesserte Geruchssinn wirkte sich auch positiv auf die Lebensqualität und die Stimmung der Menschen aus. Diese Studien zeigen aber auch, dass bei allen Menschen durch ein regelmäßiges, bewusstes Beschnuppern von duftenden Gegenständen, die Fähigkeit verbessert wird, Gerüche wahrzunehmen und zu identifizieren.

Riechtraining als Gehirnjogging
Jeder Mensch hat biologisch gesehen eine Ausstattung von 400 verschiedenen Riechrezeptortypen und etwa 20 Mio. Riechzellen in der Nase. Ob jemand Düfte sehr gut riechen, identifizieren und unterscheiden kann, hängt vor allem davon ab, wie intensiv er das Riechen trainiert. Ein Parfümeur hat die gleiche Ausstattung wie wir alle, aber er übt jeden Tag ein bis zwei Stunden „riechen". Dabei richtet er seine ganze Aufmerksamkeit auf den jeweiligen Duft. Das können wir Normalnasen auch. Und je früher wir damit beginnen, desto besser.

Schon unseren Kindern können wir gute Riechfähigkeiten mit auf den Weg geben. Wir sollten sie anleiten, an Blumen zu riechen, an den Lebensmitteln, bevor wir sie essen oder trinken, vielleicht auch mal bewusst am Mitmenschen zu schnuppern, wenn wir ihn umarmen. Oder sich beim Betreten eines Raum zuerst einmal „umzuriechen", bevor sie sich umschauen.

27 Vom Riechtraining zum Gehirnjogging

Mit bewusstem Riechen kann man Kindern und Jugendlichen auch die Möglichkeit geben, Naturprodukte von synthetischen Imitaten zu unterscheiden, also z. B. den Original-Mangoduft vom synthetischen, ebenso den frischen Orangensaft vom künstlichen oder den Duft der Vanilleschote vom bloßen Vanillezucker. Dies erlaubt Jugendlichen und Erwachsenen, regionale Produkte zu identifizieren und zu bevorzugen und Nachhaltigkeit zu stärken. Eigentlich sollte es in der Schule deshalb auch Riechstunden geben.

Ein zusätzlicher Effekt, den Wissenschaftler in ihren Untersuchungen beim Riechtraining gefunden haben, war der Einfluss auf das Gehirn. Wer während der Duftübungen auch die von den einzelnen Gerüchen hervorgerufenen Emotionen und Erinnerungen zulässt, aktiviert damit erhebliche Teile seines Gehirns. Man spricht heute in diesem Zusammenhang sogar von Gehirntraining oder Gehirnjogging. Ähnliche positive Ergebnisse findet man auch bei Menschen mit reduziertem Geruchsvermögen (Hyposmie). Ihnen konnte ein sechsmonatiges Training helfen, das Riechvermögen zum großen Teil wieder herzustellen. Es wird vermutet, dass Riechzellen verstärkt nachwachsen und das Gehirn wieder in der Lage ist, die eingehenden Signale richtig zu verarbeiten. Auch hier kehrt ein großes Stück Lebensqualität zurück.

28

Die Zukunft: ENoses in der Medizin

Klingt wie Utopie, ist aber kein Hexenwerk mehr: In Zukunft wird es nicht nur natürliche, sondern auch elektronische Nasen, abgekürzt eNoses, geben. Die eNose kann in vielen Bereichen des Alltags hilfreich sein, um Duftstoffe zuverlässig aufzuspüren. Zum Beispiel in der Medizin. Schon heute wissen wir: Kranke riechen anders als Gesunde. Bald könnte die eNose eine schnelle Diagnose liefern und frühzeitig geeignete Therapien ermöglichen.

Um auf die Audio-Version dieses Kapitels zuzugreifen, klicken sie auf die Kurz-URL oder scannen Sie sie mit der Springer Nature More Media App:

sn.pub/cip54g

© Der/die Autor(en), exklusiv lizenziert an Springer-Verlag GmbH, DE, ein Teil von Springer Nature 2025
H. Hatt, R. Dee, *Die Lust am Duft*,
https://doi.org/10.1007/978-3-662-71360-0_28

Eine elektronische Nase ist ein technisches System zur Geruchsmessung und Digitalisierung des Geruchssinns. Damit gelingt es, preiswerte und alltagstaugliche Riechsysteme zu entwickeln, die in der Industrie, bei der Lebensmittelanalyse, zur Qualitätsüberwachung, zum Schutz der Umwelt und besonders auch in der Medizin eingesetzt werden können. Mit Hilfe von mikroelektronischen Sensoren spürt die eNose gasförmige Verbindungen in der Luft auf und wandelt sie je nach Signalstärke der einzelnen Sensoren in ein spezifisches elektrisches Muster um. Schon der CO_2 Detektor, der Abgasdetektor bei Autos, ist ein einfaches System einer eNose.

Im Gegensatz zur menschlichen und tierischen Nase nimmt die eNose nicht einzelne Moleküle durch einen spezifischen Duftrezeptor auf, sondern sie verfügt über verschiedene Gassensoren – meist 5 bis 40 Stück – und deckt so einen großen Bereich von gasförmigen chemischen Verbindungen ab. Damit liefert sie ein Abbild der Zusammensetzung der Luftprobe. Der Sensor kann aber nicht zwischen geruchlosen und riechbaren Gasen unterscheiden, und er nimmt auch keine Gewichtung oder Bewertung vor. Dazu fehlt ihm die Analyse, die bisher nur ein menschliches Gehirn leisten kann. Neue Entwicklungen bei KI haben allerdings erste Prototypen ermöglicht, die auch eine Analyse beinhalten.

Die Arbeitsweise von Sensoren ist unterschiedlich. Manche verwerten einen Masseneffekt, der sich der Erkennung komplexer Muster bedient und besonders für höher molekulare Duftstoffe geeignet ist. Andere arbeiten mit elektrisch leitenden Polymerverbindungen für polare (geladene) Duftstoffe. Die meisten Düfte, die unsere Nase riechen kann, sind nieder molekulare Duftstoffe. Solche Stoffe spürt die eNose mit halbleitenden Metalloxiden auf. Und dann gibt es tatsächlich auch noch eNoses, die einen natürlichen Duftrezeptor aus der Nase von Mensch und Tier verwenden und nur für die nachgeschalteten Analysesysteme elektronische Bausteine verwenden.

Auf natürliche Spürnasen, vor allem auf die feinen Nasen von Hunden, war man bisher angewiesen, um Drogen an Flughäfen und manche Krankheiten des Menschen zu erschnüffeln. Denn Krankheiten verändern den Körpergeruch des Menschen. Sowohl der Schweiß als auch der Atem oder Urin riechen anders, wenn ein Mensch an Diabetes, Krebs, Parkinson oder einer bakteriellen Infektion erkrankt ist. Dafür gibt es inzwischen viele wissenschaftlichen Nachweise. Trainierte Hunde können den Geruch von Krankheiten wahrnehmen, sie brauchen aber eine lange und teure Spezialausbildung, um als medizinische Spürhunde tauglich zu sein. Zudem sind sie zeitlich nur begrenzt einsetzbar. Zum einen ermüden sie relativ schnell und sie können ihre Fähigkeiten auch nur wenige Jahre auf höchstem Niveau einsetzen.

Effektiver ginge es mit elektronischen Nasen. Denkbar wäre eine eNose, die den Duft des Patienten schon beim Eintritt in die Arztpraxis analysiert und dem Arzt Hinweise auf mögliche Krankheiten an seinen Computer schickt. Oder Atemtestgeräte, ähnlich wie die für Alkohol, die Krankheiten oder Drogen erkennen. Oder eine eNose als Chip in der Toilette, der Tumorerkrankungen im Blasen- und Darmbereich frühzeitig erkennt und dem Benutzer auf sein Handy meldet. Guter Rat vom Chip-Doc: einmal zum Arzt gehen!

Krankheiten und Keime früher erkennen
Die eNose, darin sind sich Fachleute einig, wird enorme Fortschritte bei der Diagnose und vor allem der Früherkennung von Krankheiten bringen. Erste Erkenntnisse soll die Studie „Smellodi" liefern, die an der Universität Dresden in der Arbeitsgruppe von Prof. Thomas Hummel durchgeführt wurde. „Smellodi" steht für „Smart Electronic Olfac-

tion for Body Odor Diagnostics", was man mit „Intelligenter elektronischer Geruchssensor für die Körpergeruchsdiagnostik" übersetzen kann. Inzwischen wird das Projekt von Prof. Ilona Croy an der Universität Jena weitergeführt, einem europäischen Zentrum der Entwicklung von digitalen Nasen. Es wird von der EU mit Millionen Euro gefördert und machte Jena zu einem Hotspot der Geruchsforschung. Entwickelt werden Sensoren, die Krankheiten erkennen können, bei denen sich der Körpergeruch verändert.

Die Probanden der „Smellodi"-Studie, die an Krankheiten wie Covid, Parkinson oder auch nur an einer Erkältung litten, lieferten dazu wertvolle Geruchsproben in Form von getragenen T-Shirts. Diese wurden dann sowohl „Testschnüfflern", aber auch einer eNose zum Riechen gegeben. Die eNose bestand aus 4 Chips mit integriertem KI-Modul, das inzwischen bereits über 10 Gerüche unterscheiden kann. Bisher hatten allerdings die trainierten menschlichen Schnuppernasen noch die Nase vorn, die z. B. Parkinson zu 78 % richtig erkannten. Weiteres Training der eNose mit KI-Daten wird vermutlich bald das Verhältnis umkehren.

Mit der Entwicklung eines solchen Systems wäre auch die Ausweitung in viele andere Bereiche, z. B. in die Lebensmittelindustrie, denkbar. In Supermärkten oder sogar im eigenen Kühlschrank könnten eNoses auf verdorbene Lebensmittel hinweisen und dem Verbraucher wichtige Dienste leisten. Dies würde neben der Entwicklung hochspezialisierter Diagnosegeräte in der Medizin, auch einen Massenmarkt im Lebensmittelbereich eröffnen. Allerdings bedarf es dazu nicht nur der Sensoren der eNose, sondern zuallererst der Erforschung der unterschiedlichen Gerüche abhängig von der Erkrankung. Allein in der Ausatemluft des Menschen findet man mehr als 500 verschiedene Duftstoffe, von denen einige bei bestimmten Krankheiten in höherer oder niederer Konzentration vorkommen. Dazu kommen bisher unbekannte, neue Düfte, die noch nicht in diesem Spektrum waren, z. B. Gerüche bestimmter Krebserkrankungen. Hier wartet noch ein weites Forschungsfeld. Hierzu kommt, dass die Zusammensetzung der Düfte in der Atemluft auch von vielen anderen Parametern abhängt, wie Tageszeit, Temperatur, Nahrung, Ermüdung, Stress usw. Dies erschwert die Etablierung eines „gesunden Kontrollduftes".

Ein weiterer wichtiger Einsatz von elektronischen Nasen im medizinischen Bereich ist die Erkennung von potenziell gefährlichen Bakterien oder Keimen bei Infektionskrankheiten wie zum Beispiel dem Krankenhauskeim MRSA. Verantwortlich sind Staphylokokken, die gegen Antibiotika resistent sind und auch bei vielen bakteriellen Harnwegsinfekten auftreten. Mikrobiologen wissen seit langem, dass verschiedene Bakterienstämme ganz spezielle Duftstoffe abgeben. Diese ermöglichen es den Wissenschaftlern, die Bakterien auch ohne Analyse im Labor bereits am Geruch zu erkennen. Solche Aufgaben können moderne elektronische Nasen heute schneller und auch viel zuverlässiger übernehmen als ihre menschlichen Vorbilder. Im Labor leistet die eNose zudem eine wichtige Aufgabe bei der Qualitätskontrolle: Sie ist in der Lage, Duftstoffe zu erkennen, die z. B. bei Verunreinigungen von chemischen Prozessen vorkommen. Und sie kann entsprechend helfen, die Verwendung der kontaminierten Produkte zu vermeiden.

Nicht nur Mediziner, sondern auch Polizisten könnten von der eNose profitieren. Ihr Einsatz in der Drogenszene ist oft mühsam. Statt sich bei Kontrollen auf die eigenen Nasen verlassen zu müssen, könnte ein Testgerät – ähnlich dem Alkoholtester – ihnen die Arbeit erleichtern. Cannabisduft enthält neben den typischen Cannabinoiden auch einige andere Duftstoffe in höherer Konzentration, vor allem Terpene wie zum Beispiel Linalool, Limonen, Myrcen,

Pinen oder die Humulene aus dem Hopfen. Daneben verschiedene Flavonoide, die häufig in unterschiedlichen Pflanzen zu finden sind, wie z. B. das Carvon aus dem Kümmel. Hierfür sind bereits gezielt Sensoren entwickelt worden, die als elektronische Nase dauerhaft einsetzbar sind.

29

Trüffel, Tee und Wanzen: Artensuche mit der eNose

Wo verstecken sich die Trüffel? Ist der Tee sortenrein oder mit billigen Produkten gestreckt? Und ist das Fleisch noch genießbar oder verdorben? Mit eNoses sind diese Fragen schnell und sicher beantwortet. Sie reagieren auf bestimmte Geruchsmuster, die sie von biologischen Nasen lernen. Besonders interessant für Touristen in Südamerika: Sensoren, die beim Geruch von Bettwanzen Alarm schlagen.

> Um auf die Audio-Version dieses Kapitels zuzugreifen, klicken sie auf die Kurz-URL oder scannen Sie sie mit der Springer Nature More Media App:
>
> sn.pub/ne7qb5

Die menschliche Nase besteht aus etwa 20 Mio. Sinneszellen mit ca. 400 verschiedenen Geruchsrezeptoren. Diese Rezeptoren sind spezifisch für bestimmte Düfte und erzeugen ein charakteristisches Erregungsmuster, wenn sie durch eine Duftstoffmischung aktiviert werden. Das Gehirn ordnet dieses komplexe Muster dann einem bestimmten Geruch zu, den wir erlernt haben. Diese biologische Nase war Vorbild für die Entwicklung der eNose „Kamina" am Karlsruher Institut für Technologie (KIT), einer der führenden Wissenschaftsinstitutionen für die Entwicklung elektronischer Nasen. Den Forschern vom KIT ist es vor wenigen Jahren erstmals gelungen, mit „Kamina" deren Name für „KArlsruher MIkro NAse" steht, eine elektronische Nase für industrielle und allgemeine Anwendungen zu entwickeln. Die eNose sollte alltagstauglich sein und Gefahren wie Kabelbrände oder verdorbene Lebensmittel erkennen und besser, schneller und dauerhafter im Gebrauch sein als unsere menschliche oder die tierische Nase.

„Kamina" reagiert mit Hilfe von Nanofasern auf komplexe Gasgemische und bildet dann ebenfalls ein komplexes Signalmuster. Daran erkennen Sensoren den entsprechenden Duft. Die eNose ist nur wenige Zentimeter groß, inklusive der Auswert-Technologie zur Dufterkennung. Sie ist ideal geeignet als Mess-System z. B. für Cannabis, denn sie weist eine hohe Sensitivität und Spezifität auch für komplexere Duftmischungen auf. Vor allem ist sie zudem robust und alltagstauglich.

Mit einer ähnlichen, am KIT entwickelten elektronischen Nase gelang es vor zwei Jahren erstmals, unterschiedliche Pflanzen am Duft zu unterscheiden. Bei der Minze gibt es beispielsweise viele verschiedene Arten, die ähnlich aussehen, aber alle einen unterschiedlichen Duft haben. Hier gelingt es oft selbst Botanikern nicht, die Pflanze an den Blättern zu identifizieren. Einzig ihr Duft gibt zu erkennen, um welche Art es sich handelt. Am KIT wurde ein Chip entwickelt, der auf seiner Oberfläche 12 spezifische Sensoren mit je 2 Elektroden und einem Quarzkristall hat, an den sich die Duftstoffe anlagern können. Dadurch ändert sich die sogenannte Resonanzfrequenz. Aus diesen

Daten entsteht ein spezifisches Muster des jeweiligen Duftes, vergleichbar mit einem Fingerabdruck. Mithilfe eines Aufsatzes auf das Handy können dann die aus dem Chip abgelesenen Signale auf eine App übertragen und dort analysiert werden.

Ein interessantes Arbeitsfeld für solche Chips ist die Überprüfung der Reinheit bestimmter Produkte, z. B. von Tee. Teesorten unterscheiden sich erheblich im Preis und für den Verbraucher wäre es interessant zu wissen, ob diese Preise gerechtfertigt sind oder der Tee womöglich mit billigen Sorten gestreckt wurde. Nächster Plan der Forscher am KIT ist es, eine eNose zu entwickeln, die Trüffel erkennen und lokalisieren kann. Ebenfalls ein sehr lohnendes Ziel, denn Trüffel sind teuer und wachsen unsichtbar unter der Erde. Schon lange bemüht man sich daher, sie zuverlässig zu finden. Vor zwei Jahrzehnten gab es bereits eine sehr große und teure „eNose", in Form eines miniaturisierten Gaschromatographen. Ich durfte selbst einmal im Périgord mit diesem Gerät, das wie ein größerer Rasenmäher aussieht, durch die Laubwälder der Toskana streifen. Immer, wenn das Gerät einen Trüffelduft erkannte, ertönte ein akustisches Signal und man konnte gezielt an dieser Stelle graben. Die Ausbeute war erstaunlich hoch. So ein Gerät könnte auch für das Auffinden seltener, vom Aussterben bedrohter Pflanzen, weiterentwickelt werden. Das wäre umweltpolitisch extrem bedeutsam, um entsprechende Schutzmaßnahmen zu etablieren.

NOSI warnt vor faulem Obst – und Bettwanzen
Startup des Jahres 2024 in Österreich wurde der elektronische Riecher von NOSI (Network for Olfactory System Intelligence). Gegründet wurde NOSI als Ableger des Forschungsinstituts AIT (Austrien Institut of Technology) in Wien. NOSI hat eine digitale Nase entwickelt, die Maschinen das Riechen lehrt. Die eNose setzt dabei auf ein Zu-

sammenwirken chemischer Sensoren, die bestimmte Geruchsmuster erzeugen. Dabei lernt die Maschine vom Menschen. Ist einmal das Muster „faule Bananen" antrainiert und gespeichert, kann es jederzeit wiedererkannt werden.

Der Clou von NOSI: Die chemischen Sensoren sind spezielle Polymere. Sie ändern ihre elektrische Leitfähigkeit, wenn Moleküle einer Substanz, die an ihrem Geruch erkannt werden soll, auf ihre Oberfläche treffen. Genau wie im menschlichen Geruchssystem werden nun die chemischen Sensoren so kalibriert, dass sie wie Geruchsrezeptoren auf eine bestimmte – und nur auf diese – Geruchsfacette reagieren. Weil 16 Sensoren auf einer Platine montiert sind, die alle auf ein und dasselbe Geruchsmolekül ein wenig anders reagieren, können so unterschiedliche Geruchsmuster gemessen werden.

Als erstes Projekt für NOSI wurde das Erkennen von Bettwanzen gewählt. Bettwanzen stellen in der Touristikbranche ein echtes Problem dar – eine effektive Hilfe gegen die lästigen Parasiten ist daher sehr willkommen. Hierzu wird eine Sensoren-Unit, die sich in einem kleinen Kunststoffbehälter befindet und dank Mini-Photovoltaik-Modul selbst mit Strom versorgt, am Bett befestigt. Sobald der Geruch von Bettwanzen oder ihrer Exkremente erkannt wird, schlägt das System Alarm. Inzwischen gibt es Überlegungen für weitere Anwendungen in der Lebensmittelindustrie oder in der Überwachung technischer Anlagen z. B. von Kühlregalen. Allerdings kann es noch einige Zeit dauern, bis ein konkretes Produkt realisiert wird.

An der Universität Jena, einem führenden Zentrum der Entwicklung von digitalen Nasen, wird daran schon gearbeitet. Chemie- und Lebensmittelindustrie und die Umwelttechnik sind mögliche Einsatzbereiche. Auch das Smart Home, das schlaue Zuhause der Zukunft, könnte davon profitieren, wenn die eNose im Kühlschrank automatisch die Qualität der gelagerten Lebensmittel überwacht. Nie mehr eine vergessene Wurst im hinteren Winkel, nie mehr verdorbenes Obst und schimmlige Essensreste. „Die Marktperspektiven für eine solche Technologie sind enorm und reichen von Geräten für den Massenmarkt bis hin zu hochspezialisierten Diagnosegeräten", sagt Dr. Alexander Croy aus der Physikalischen Chemie der Uni Jena.

Auch in Bayerns größter Raffinerie in Neustadt an der Donau hängen elektronische Nasen und sind Teil des Sicherheitskonzepts. Sie reagieren auf Gerüche, die harmlos sein können, wie Rohöl, aber auch gefährliche Verbindungen wie Methan werden aufgespürt. Rund um die Uhr sind hier die elektronischen Nasen aktiv und melden sofort, wenn bestimmte Gefahrstoffe wahrgenommen werden.

30

Nanoprothesen und natürliche Ersatznasen

Wer seinen Geruchssinn nach Corona oder einer anderen Viren-Infektion verloren hat, würde vieles darum geben, wieder riechen und schmecken zu können. Bisher ist so ein Verlust unheilbar. In Zukunft könnten implantierte elektronische Nanonasen oder sogar Modelle, die mit menschlichen Riechrezeptoren arbeiten, diesen Menschen helfen.

Um auf die Audio-Version dieses Kapitels zuzugreifen, klicken sie auf die Kurz-URL oder scannen Sie sie mit der Springer Nature More Media App:

sn.pub/o34vzh

Während einer Corona-Infektion haben etwa 75 % der Erkrankten den Geruchssinn temporär oder sogar dauerhaft verloren. Sie wurden geruchsblind. Sie konnten kein Essen mehr genießen, weil mit dem Geruch auch der Geschmack verloren gegangen war. Sie nahmen keinen Blumenduft wahr, keine Jahreszeit und kein Parfum. Was sie für selbstverständlich hielten, war plötzlich verschwunden. Und wie so oft, spürt man den Verlust einer Sache oft erst so richtig, wenn man sie verloren hat. In einer aktuellen Studie stellten amerikanische Forscher fest, dass es mindestens 139 Krankheiten gibt, die mit einer Störung des Geruchssinns verbunden sind.

Besonders leiden Geruchsblinde darunter, dass sie ihren eigenen Körpergeruch nicht mehr wahrnehmen können. Sie waschen sich oft mehrmals am Tag, um ja nicht zu stinken. Auch den Geruch ihres Partners können sie nicht mehr riechen, was sich häufig auf die Beziehung und natürlich vor allem auf die Sexualität auswirkt. So verwundert es nicht, dass etwa 50 % der betroffenen Corona-Patienten unter einer milden bis starken Depression litten. Für diese Menschen wäre es von großer Bedeutung, den Geruchssinn zurückzugewinnen. Zum Glück erwies sich für viele Corona-Patienten der Zustand als vorübergehend, sie wurden wieder gesund, denn die Riechzellen der Nase erneuern sich alle ca. 1 bis 2 Monate aus darunter liegenden Stammzellen. Wenn allerdings auch die Stammzellen durch die Viren zerstört werden, gibt es bis heute in der Medizin keine Möglichkeit, sie zu ersetzen, und das Riechen wiederherzustellen. Diese Menschen bleiben für immer geruchsblind.

Beim Hörverlust gibt es Hörgeräte oder Cochlea-Implantate, beim Sehverlust eine Brille oder Retina-Implantate, beim Riechen gibt es bisher nichts. Hier ruht die große Hoffnung auf der Entwicklung einer eNose, die in Form eines Implantats Hilfe leisten kann. Erste Prototypen existieren bereits: Ein kleiner Chip soll den Geruchssinn zurückbringen. An einer solchen Nanoprothese arbeiten Forscher in Virginia, USA. Die Idee dahinter: Ein Sensor detektiert Gerüche und setzt diese Information in elektrische Signale für einen externen Transmitter um. Dieser sendet die Signale an einen implantierten Simulator, dessen elektrische Reize dann die Riechempfindung im Gehirn auslösen können. Bisher sind für dieses Projekt nur die externen Elemente der Neuroprothese entwickelt worden. Sie enthält Sensoren, die auch beim Karlsruher Institut für Technology (KIT) genutzt werden, um deren eNose „Kamina" herzustellen, die wir im letzten Kapitel vorgestellt haben. Zu diesen Sensoren kommt ein Transmitter, der mit einer Leuchtdiode verbunden ist.

In ersten Tierversuchen sorgten die erzeugten Signale bei Mäusen für eine direkte Stimulation des Riechkolbens. Von dort werden sie in andere Gehirnbereiche geleitet und können wiederum Reaktionen auslösen. Die Forscher vermuten, dass dabei Kartierungen für verschiedene Gerüche entstehen. Allerdings gibt es solche e-Nasen bisher noch nicht beim Menschen.

E-Noses aus natürlichen Duftrezeptoren
Vor einigen Jahren hatten wir in meinem Team an der Ruhr-Universität Bochum die Idee, die Duftrezeptoren des Menschen direkt als elektronische Nase zu verwenden. Hierzu müssen die Rezeptorproteine aus Riechzellen isoliert werden oder aus anderen Zellen, die gentechnisch so verändert wurden, dass sie die gewünschten Duftrezeptoren in großer Menge herstellen. Dazu eignen sich menschliche Nierenzellen, aber auch Froscheier oder Hefezellen. Dies ist heutzutage dank neuer Entwicklungen in der Molekularbiologie und Gentechnologie möglich und machbar. Das Problem bei Duftrezeptoren von Säugetieren inklusive des Menschen ist allerdings, dass die Rezeptorproteine sehr empfindlich sind für bestimmte Umgebungsfaktoren wie Temperatur, Feuchtigkeit oder physiologische Lösung.

Außerdem muss jeder einzelne Rezeptor zur Signalentstehung ein komplexes Signalverstärkungssystem anschalten. Dies bedeutet, dass die Aktivierung des Rezeptors allein kein Signal erzeugt, das für eine elektronische Nase reicht. Auch die anderen zur Signalverstärkung nötigen Moleküle müssen berücksichtigt werden. In menschlichen Nierenzellen sind diese automatisch vorhanden und können genutzt werden, um danach die Signale – zum Beispiel optisch – auszulesen. Ähnliches gilt auch für Hefezellen, in die der menschliche Rezeptor eingebracht wurde. Als Prototyp benutzten wir Zellkulturplatten als Chip, mit Nierenzellen, in die wir 10 verschiedene Duftrezeptoren des Menschen eingeschleust hatten. Sie reagierten auf unterschiedliche fruchtige Düfte, z. B. Limonen, Octanal, Citronellal oder Terpineol. Die Aktivierung des Rezeptors koppelten wir an ein grünes Farbsignal. Nach Zugabe von Orangenduft entstand dann tatsächlich ein charakteristische Farbmuster. Wunderbar! Das hatten wir gehofft und erwartet, trotzdem ist so ein Ereignis ein Highlight im Laborleben. Sollte es in Zukunft gelingen, alle 400 menschliche Rezeptoren auf eine solche Platte zu bringen, wäre dieser Chip einer menschlichen Nase vergleichbar.

Ein ähnliches Projekt, in dem auch Original-Duftrezeptoren benutzt werden, entwickelt gerade das Labor von Professor Klemens Störtkuhl, ebenfalls an der RUB. Dabei werden Duftrezeptoren der Fruchtfliege (Drosophila) benutzt. Fliegen haben ca. 70 verschiedene Duftrezeptoren vor allem für Nahrungs- und Gefahrendüfte, die sehr empfindlich und spezifisch auf bestimmte Duftstoffe reagieren. Insektenrezeptoren sind grundsätzlich anders aufgebaut als Duftrezeptoren von Wirbeltieren. Sie haben den Vorteil, dass sie keine zusätzlichen Verstärkungsmoleküle benötigen. Ihre Aktivierung erzeugt allein ein ausreichendes, elektrisches Signal.

Solche Duftrezeptoren kann man ebenfalls in genetisch veränderten Froscheiern herstellen. Kleine Membranstückchen (patches) aus den Eiern, in denen sich die Rezeptoren befinden, können ausgestanzt und auf die Spitze von Elektroden aufgetragen werden. Diese werden dann als eNose verwendet. Erste erfolgreiche Versuche mit z. B. CO_2 Sensoren wurden bereits durchgeführt. Die Verwendung eines natürlichen Rezeptors hat allerdings den Nachteil, dass die Lebensdauer auf wenige Stunden begrenzt ist. Vorteile aber sind die hohe Sensitivität und Spezifität, außerdem reagieren sie quantitativ auf Duftkonzentrationen. Damit könnte es in Zukunft gelingen, auch sehr spezifische Duftmoleküle, die nur in geringer Konzentration bei bestimmten Krankheiten, z. B. Krebs oder neurodegenerativen Erkrankungen, in der Ausatemluft oder im Schweiß auftreten, frühzeitig zu entdecken.

Die breite Anwendung wird allerdings eher den elektronischen Nasen von Ingenieuren gehören. Sie sind robuster und auch unempfindlicher gegenüber äußeren Einflüssen wie Temperatur, Feuchtigkeit und anderen Umgebungsfaktoren. Die Zukunft wird zeigen, dass e-Nasen schon in den nächsten zwei Jahrzehnten überall in unserem Leben zu finden sein werden – vom Supermarkt bis zur Arztpraxis und dem smarten Zuhause. Sie werden uns vor Gefahren aller Art warnen und uns helfen, Krankheiten rechtzeitig zu erkennen.

GPSR Compliance
The European Union's (EU) General Product Safety Regulation (GPSR) is a set of rules that requires consumer products to be safe and our obligations to ensure this.

If you have any concerns about our products, you can contact us on

ProductSafety@springernature.com

In case Publisher is established outside the EU, the EU authorized representative is:

Springer Nature Customer Service Center GmbH
Europaplatz 3
69115 Heidelberg, Germany

www.ingramcontent.com/pod-product-compliance
Lightning Source LLC
LaVergne TN
LVHW020346260326
834688LV00045B/1569